高职高专“十三五”规划教材

工程制图习题集

刘立平 主编

·北京·

内容提要

本习题集与刘立平主编的《工程制图》配套使用，主要包括制图基本知识、投影基础、立体及其表面交线、轴测图、组合体、机件的表达方法、标准件和常用件、零件图、装配图、焊接图、展开图、电气制图简介等内容，可以根据不同专业的课程标准在40～90学时内选用实施。

本习题集可供高等职业学校机械类、近机类、电子类等专业学生使用，也可作为其他相近专业以及成人教育和职业培训的教材或参考用书。

图书在版编目（CIP）数据

工程制图习题集/刘立平主编．—北京：化学工业出版社，2020.8(2024.1重印)

高职高专“十三五”规划教材

ISBN 978-7-122-37075-4

Ⅰ.①工… Ⅱ.①刘… Ⅲ.①工程制图-高等职业教育-习题集 Ⅳ.①TB23-44

中国版本图书馆CIP数据核字（2020）第089551号

责任编辑：高 钰

责任校对：王 静　　　　装帧设计：刘丽华

出版发行：化学工业出版社（北京市东城区青年湖南街13号　邮政编码100011）

印　　装：涿州市般润文化传播有限公司

787mm×1092mm　1/8　印张10¼　字数280千字　2024年1月北京第1版第5次印刷

购书咨询：010-64518888　　　　售后服务：010-64518899

网　　址：http://www.cip.com.cn

凡购买本书，如有缺损质量问题，本社销售中心负责调换。

定　　价：32.00元

前　　言

本习题集是根据教育部2019年印发的《高等职业学校专业教学标准》中对相关专业提出关于工程制图课程知识与能力的要求，并参照最新的国家标准，组织同行和企业专家共同编写。本习题集与刘立平主编的《工程制图》配套使用。

本习题集以培养学生绘制和阅读工程图样为根本出发点，突出绘图、读图能力的训练，主要包括制图基本知识、投影基础、立体及其表面交线、轴测图、组合体、机件的表达方法、标准件和常用件、零件图、装配图、焊接图、展开图、电气制图等内容。

本习题集具有以下特点：

1. 具有先进性。本习题集和配套《工程制图》根据最新国家标准和行业标准编写，体现了内容的先进性。

2. 体现职教特色。本习题集融入了编者多年积累的教学改革实践和企业工作经验，内容编排遵循高职教学规律和学生认知规律，习题的安排由简至难、题量充足，供不同层次学习者选择练习，适应专业建设与课程建设，符合高等职业教育要求。

3. 产教融合，校企双元开发。本习题集是高职院校双师型教师和企业专家共同设计编写的。为满足企业岗位能力需求，编者广泛收集企业图纸，在继承传统内容精华的基础上，突出了在生产实践中的实用性。

本习题集由兰州石化职业技术学院刘立平主编。参加本习题集编写工作的有：刘立平（编写第1～3、5章），王霞琴（编写第4、7章），张伟华（编写第6、8、9章），兰州石化公司检维修中心卢世忠、余永增（编写第10～12章）。全书由刘立平负责统稿。

本习题集在编写过程中，参阅了大量的标准规范及相关资料，在此向有关作者和所有对本习题集的出版给予帮助和支持的人士，表示衷心的感谢！

由于编者水平有限，习题集中疏漏和欠妥之处敬请广大读者提出宝贵意见。

编　者

2020年3月

目　录

第 1 章 制图基本知识

1-1 字体练习

班级 姓名 学号

1-1-1 汉字（长仿宋体）。

工程制图是研究工程图样表达与技

术交流的学科培养学生绘制阅读以

及形象思维能力提高工程素质和创

新意识班级姓名审核日期比例材料

1-1-2 数字和字母。

1 2 3 4 5 6 7 8 9 0 1 2 3 4 5 6 7 8 9 0

A B C D E F G H I J K L M N O P Q R S T

U V W X Y Z Φ φ R R δ α β γ Ⅰ Ⅱ Φ50 Ra3.2

a b c d e f g h i j k l m n o p q r s t u v w x y z

1-2 图线练习　　　　班级　　　　姓名　　　　学号

1-2-1 按照图例绘制出相应的图线。

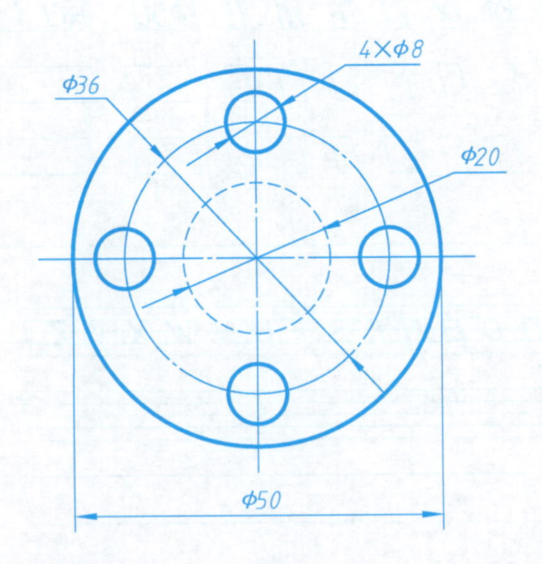

1-2-2 线型练习。

内容：用 A4 幅面图纸、竖放，按 1∶1 抄画图形，布图合理，保持图面整洁。

目的：掌握各种图线正确的绘制方法，正确使用绘图工具和仪器。

要求：

(1) 用 H 或 2H 铅笔绘制底稿，用 B 或 HB 铅笔加深，圆规上的铅芯软一号。

(2) 细虚线、细点画线等线段，长画、短间隔等尺寸参见配套《工程制图》（刘立平主编）表 1-3。

(3) 粗实线线宽宜采用 0.5mm 或 0.7mm，标题栏中汉字采用长仿宋体。

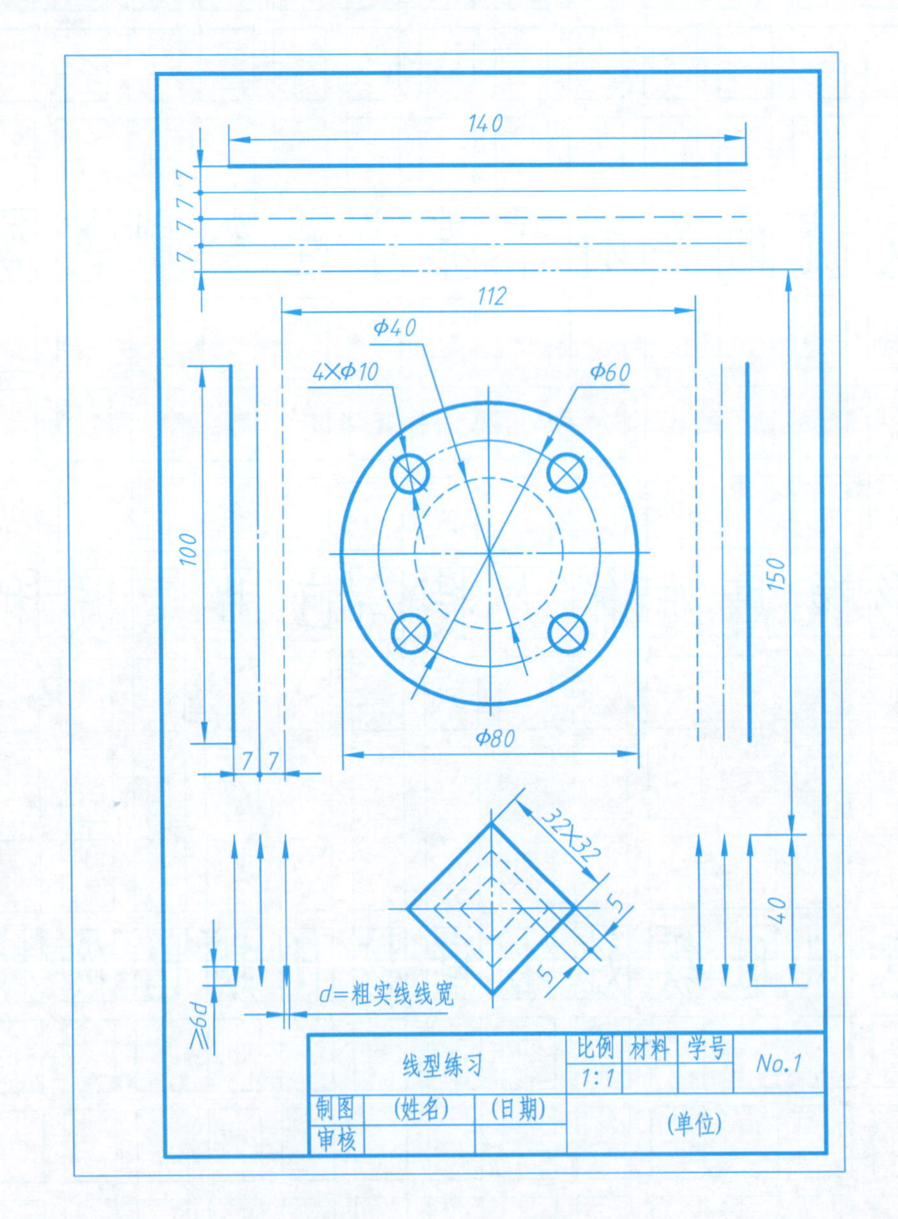

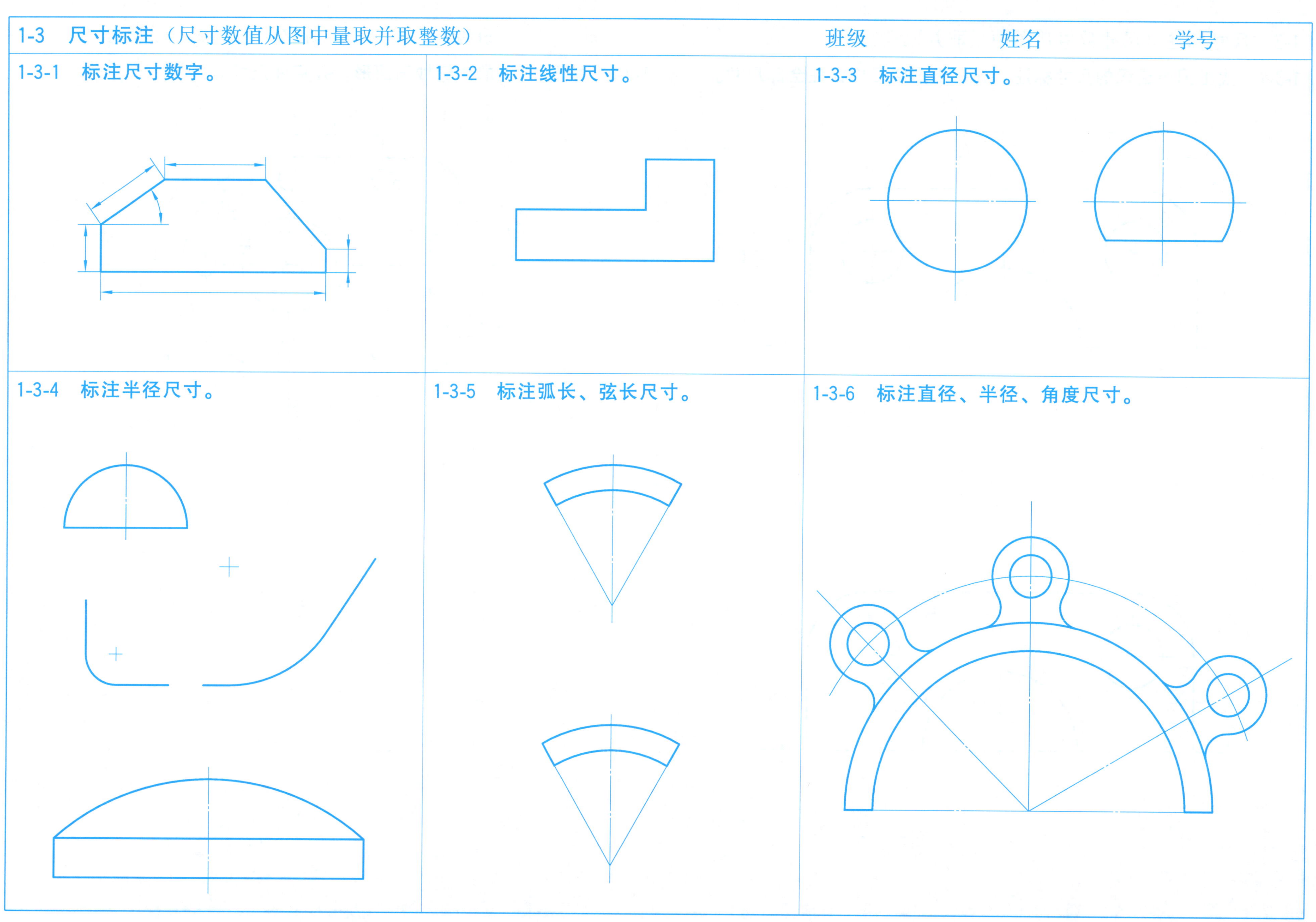
1-3 尺寸标注（尺寸数值从图中量取并取整数）
班级
姓名
学号
1-3-1 标注尺寸数字。
1-3-2 标注线性尺寸。
1-3-3 标注直径尺寸。
1-3-4 标注半径尺寸。
1-3-5 标注弧长、弦长尺寸。
1-3-6 标注直径、半径、角度尺寸。

1-3-7 找出图中错误的尺寸标注，并在下图中正确标注全部尺寸。

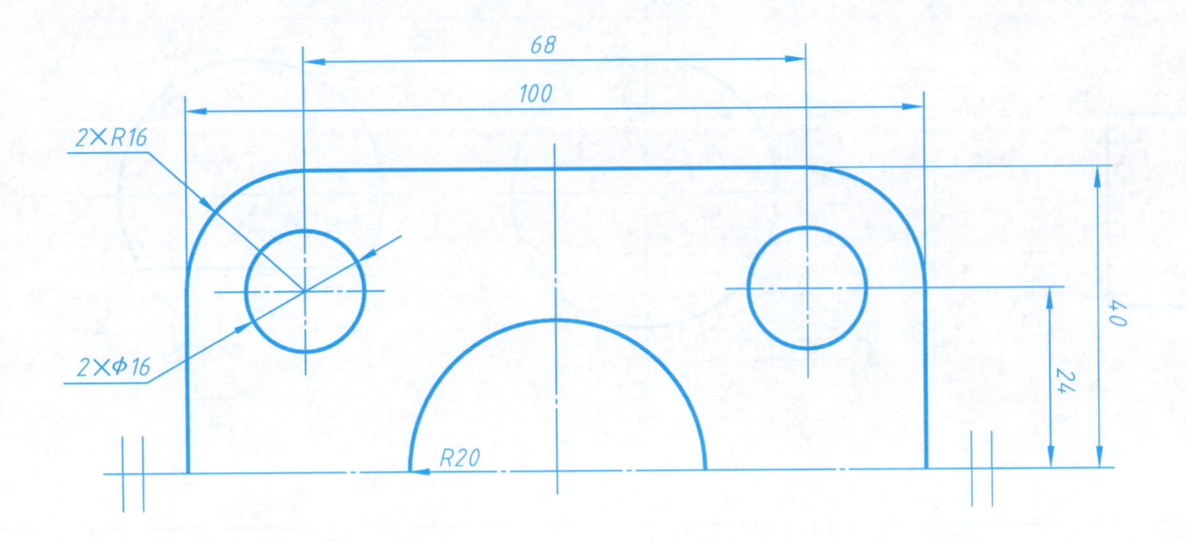

1-3-8 按照 1 : 1 的比例抄画图形，并标注尺寸。

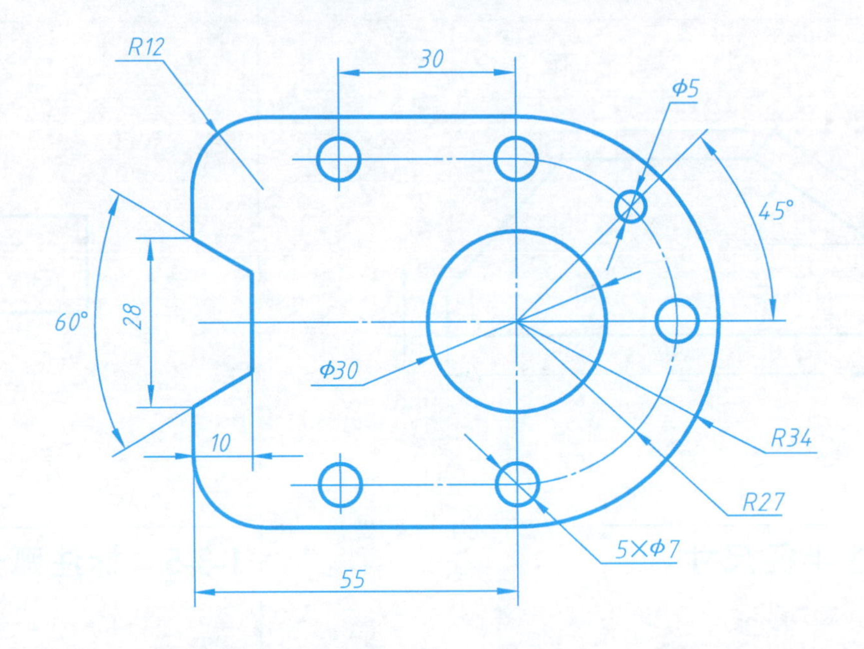

1-4 几何作图（保留细实线的作图线）

班级　　　　姓名　　　　学号

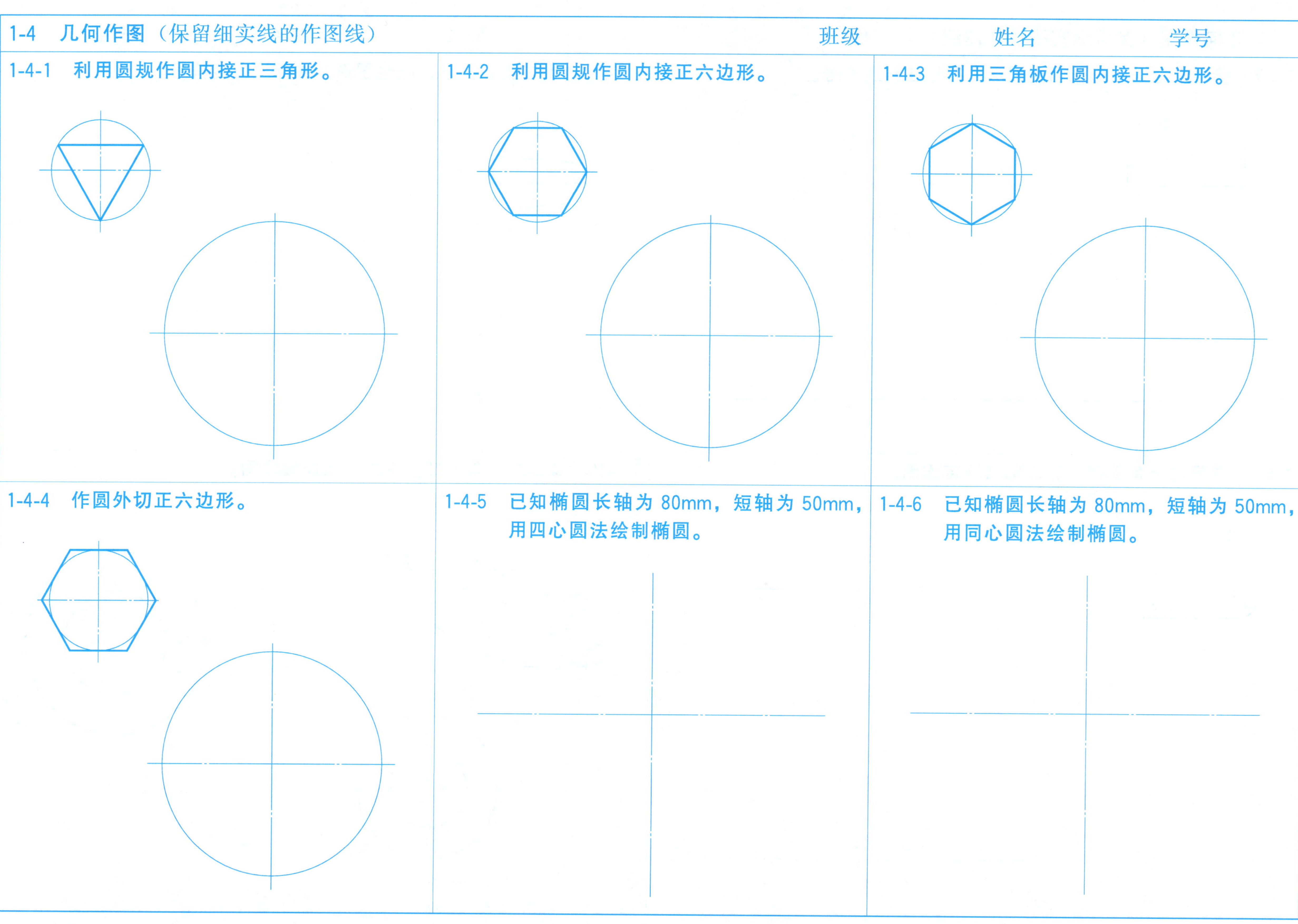

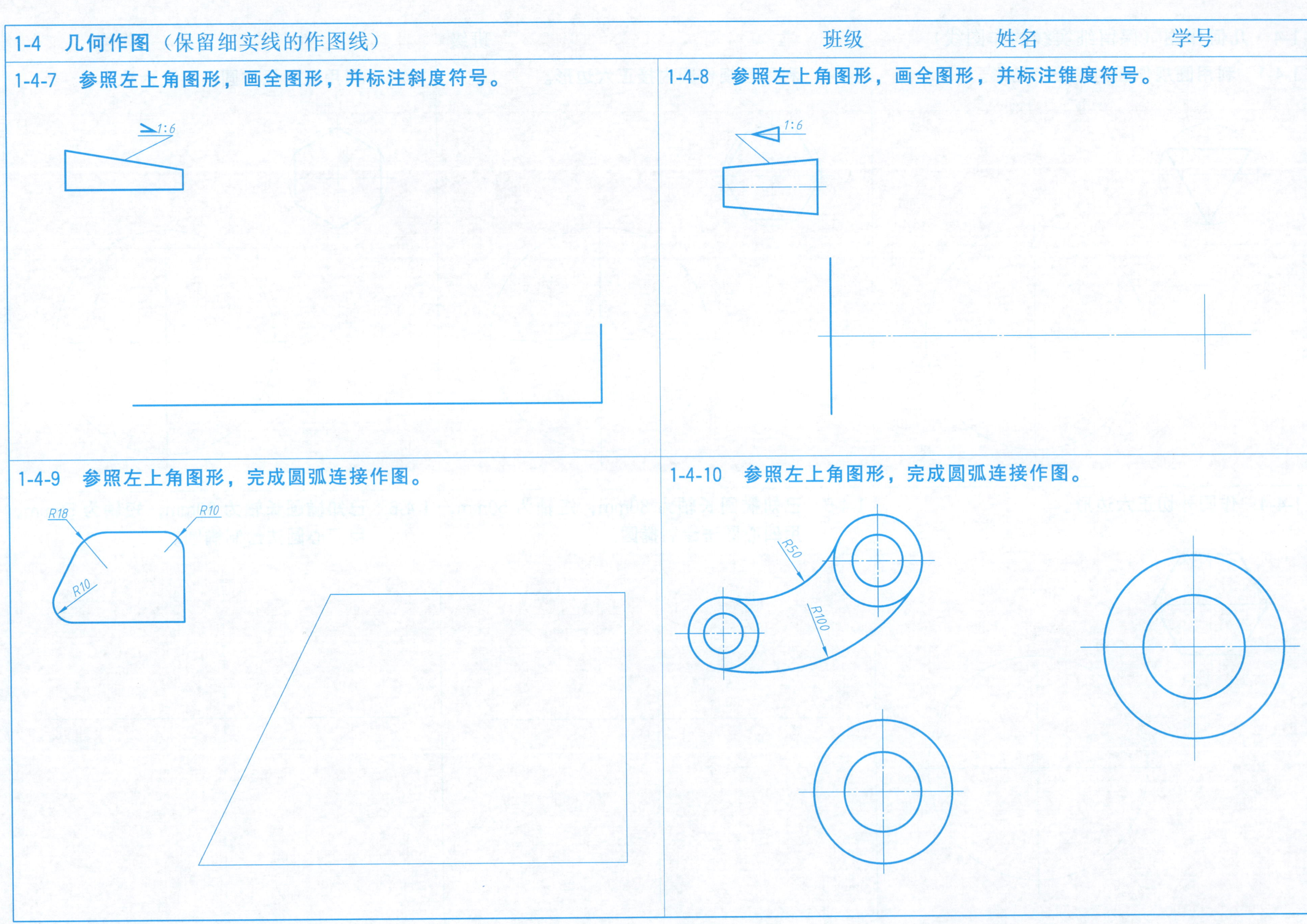
1-4 几何作图（保留细实线的作图线）
班级
姓名
学号
1-4-7 参照左上角图形，画全图形，并标注斜度符号。
1:6
1-4-8 参照左上角图形，画全图形，并标注锥度符号。
1:6
1-4-9 参照左上角图形，完成圆弧连接作图。
R18
R10
R10
1-4-10 参照左上角图形，完成圆弧连接作图。
R50
R100

1-5 平面图形练习

班级　　　　姓名　　　　学号

内容：任选一题，选择图幅、确定比例，抄画平面图形，并标注尺寸。

目的：掌握圆弧连接的作图方法，熟悉平面图形绘图步骤和标注尺寸的方法。

要求：

（1）布图匀称合理，图面清晰、整洁。

（2）线型均匀一致且符合国家标准规定，图线粗细分明。

（3）认真书写文字、尺寸数字，箭头大小一致。

（4）正确使用绘图仪器。

1-5-1

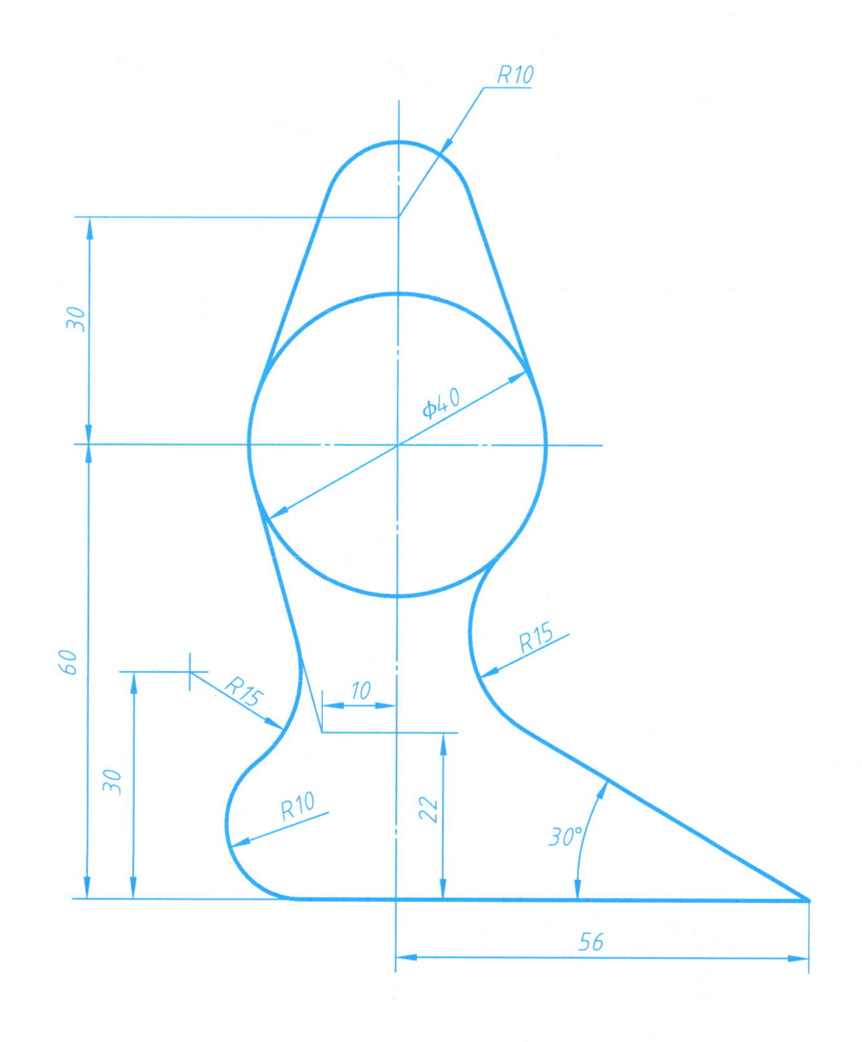

1-5-2

1-5-3

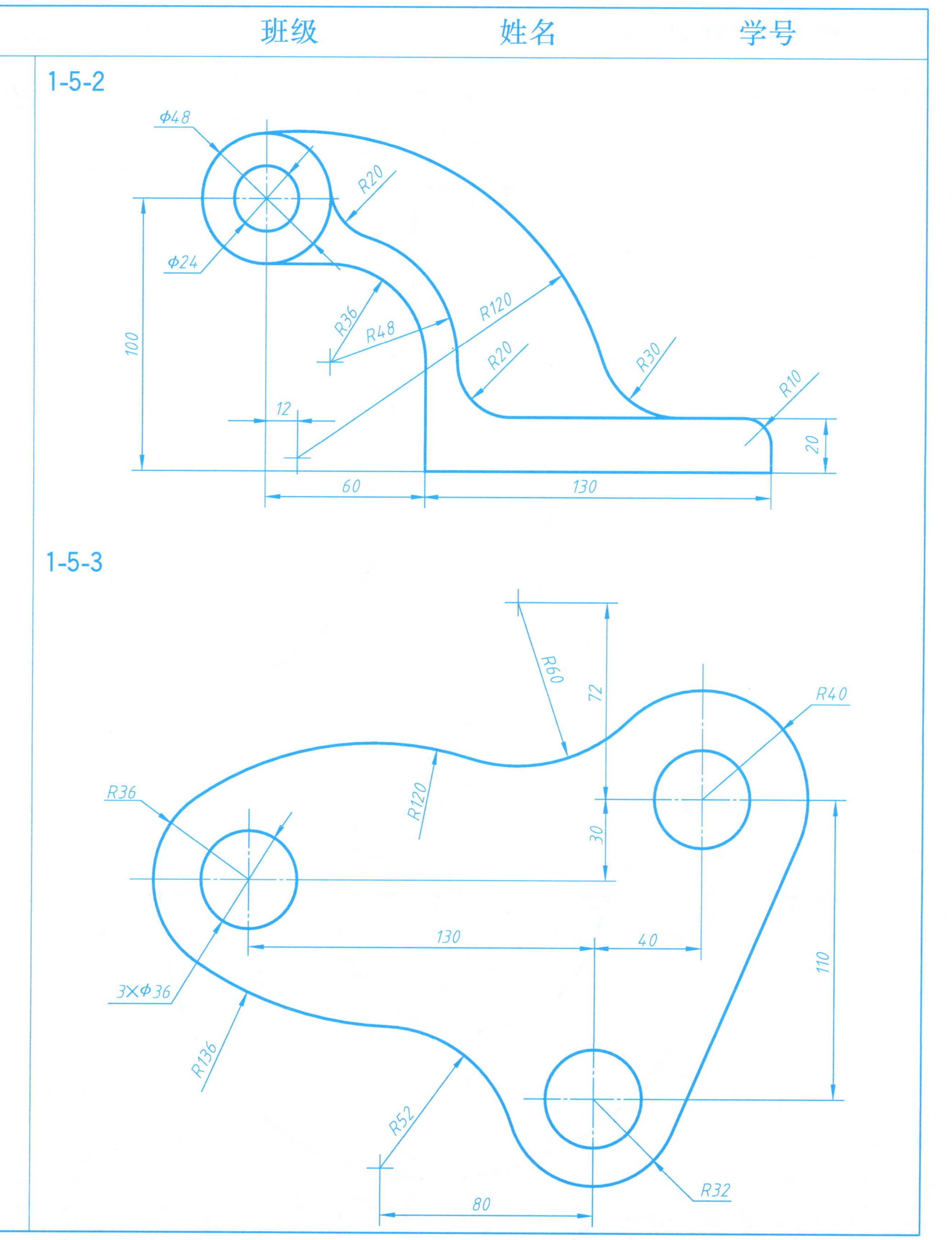

1-5　平面图形练习　　　　班级　　　　姓名　　　　学号

1-5-4

1-6　徒手抄画平面图形，并标注尺寸

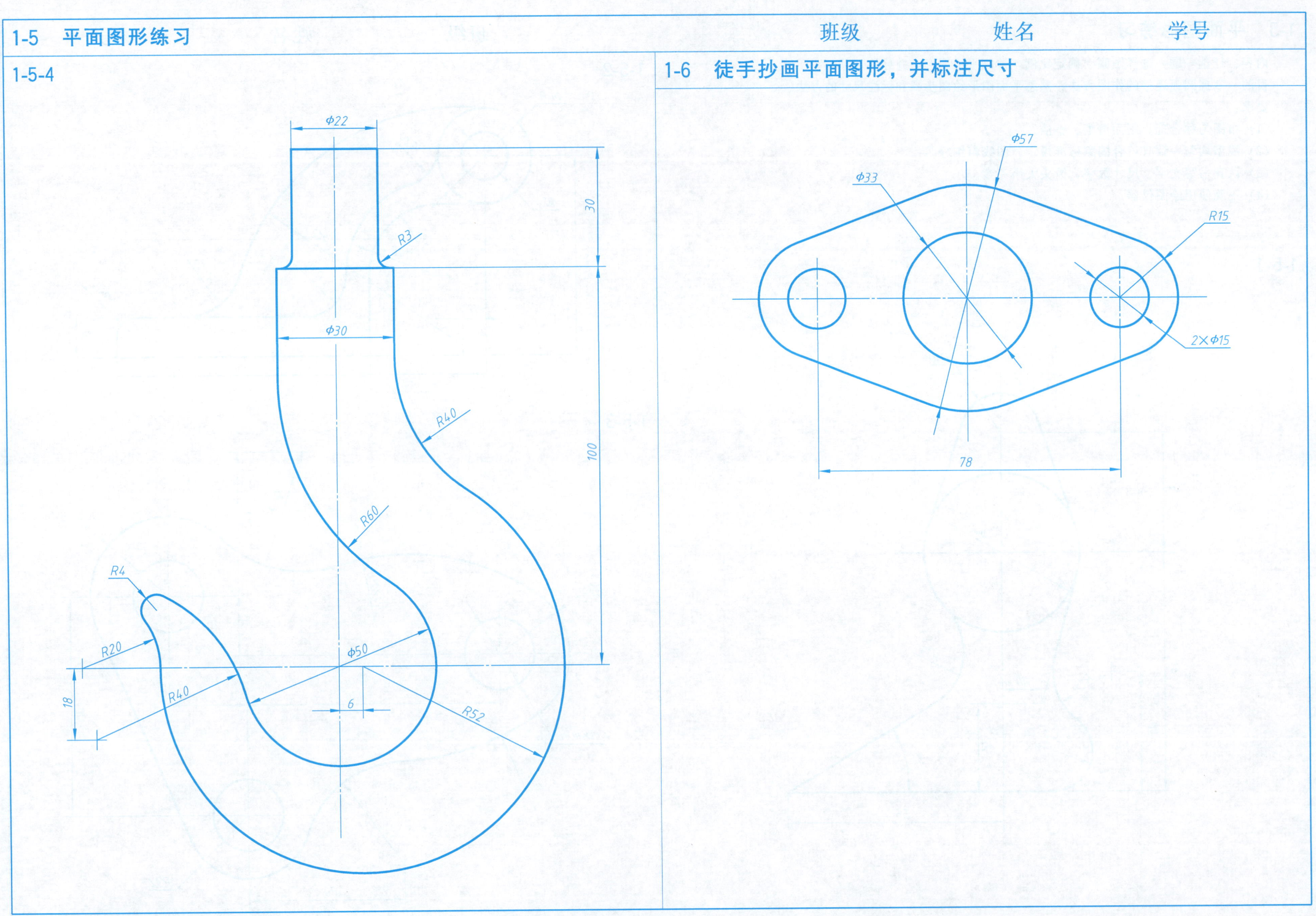

第 2 章　投 影 基 础

2-1　根据立体图，绘制物体的三视图

班级　　姓名　　学号

2-1-1

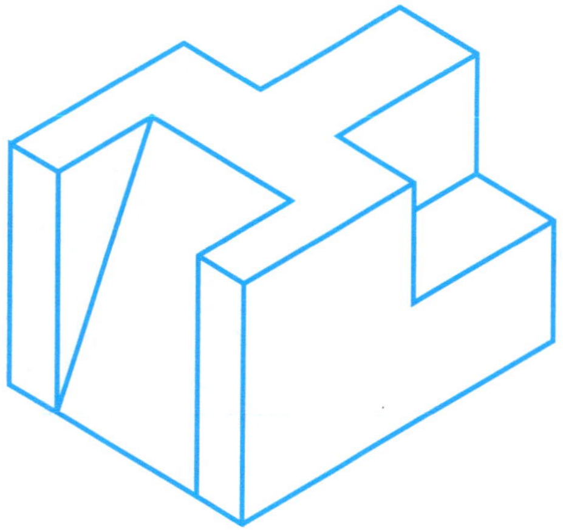

2-1-2

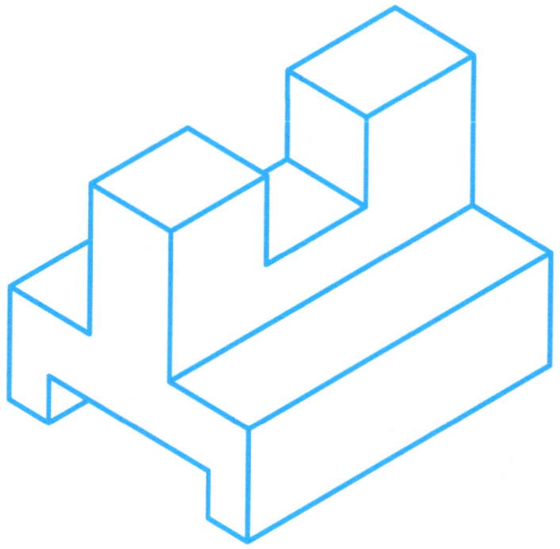

2-1-3

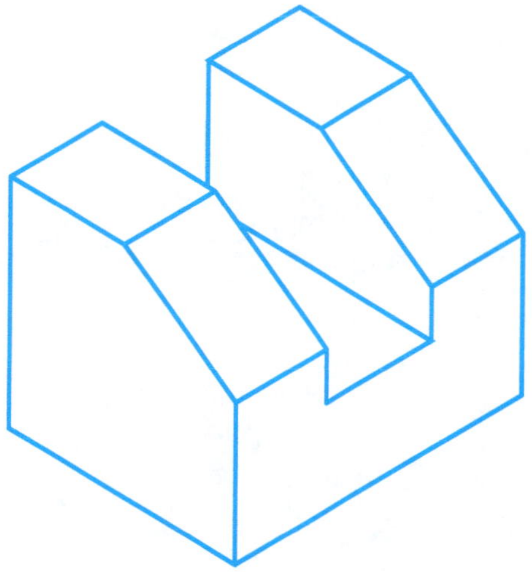

2-1-4

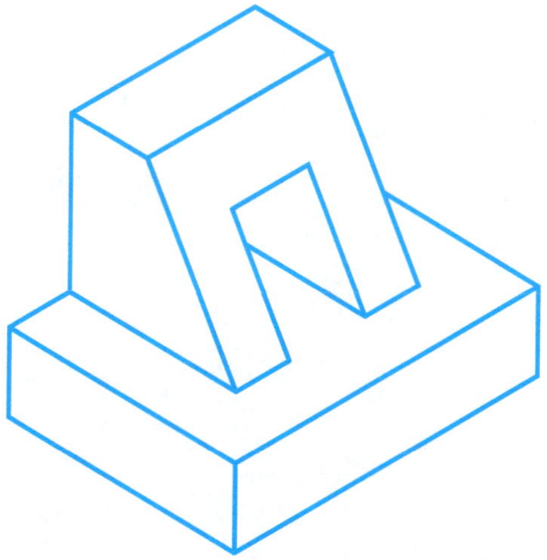

2-1　根据立体图，绘制物体的三视图

班级　　　　姓名　　　　学号

2-1-5

2-1-6

2-1-7

2-1-8

2-2 点的投影

班级　　　　姓名　　　　学号

2-2-1 已知点 A（30，35，25）的坐标，作出其三面投影图。

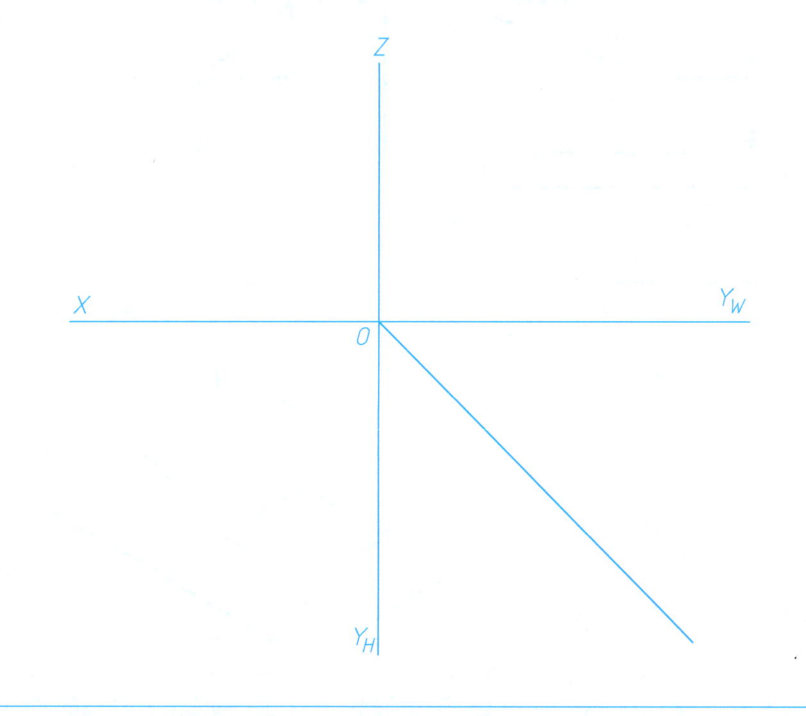

2-2-2 根据点的两面投影，作出其第三面投影图。

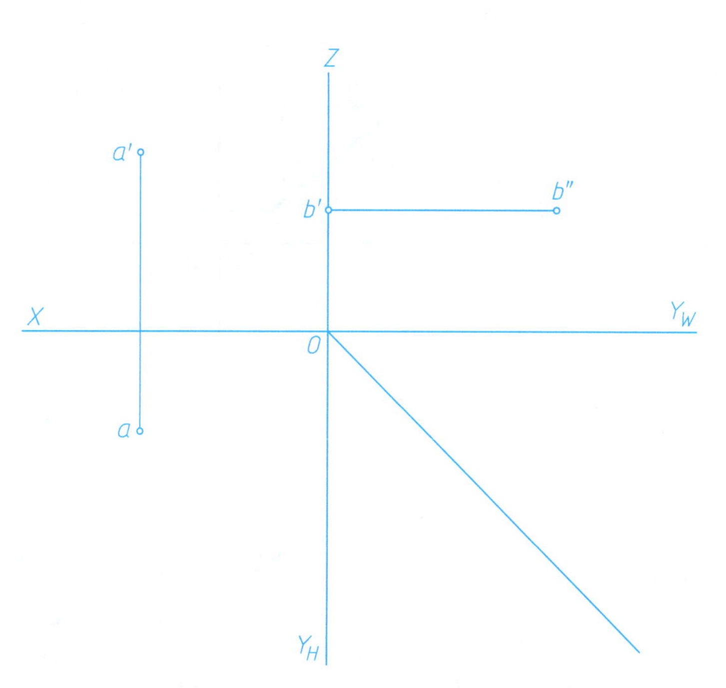

2-2-3 已知点 A 的 H 面投影和点 B 的 W 面投影，且点 A 距 H 面的距离为 20mm，点 B 距离 W 面的距离为 40mm，作出点 A、B 其余的两面投影。

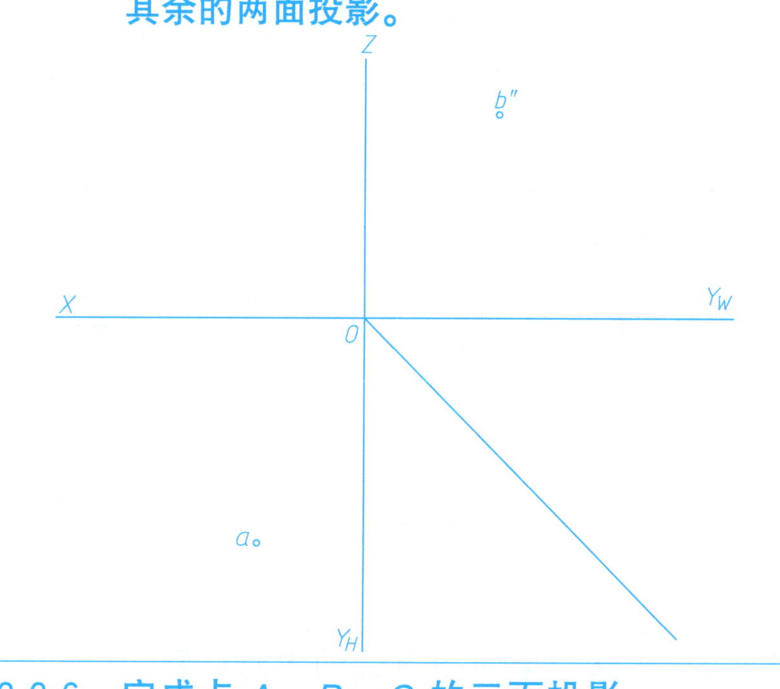

2-2-4 点 B 在点 A 之下 20mm，之右 8mm，之前 16mm，求作点 B 的三面投影。

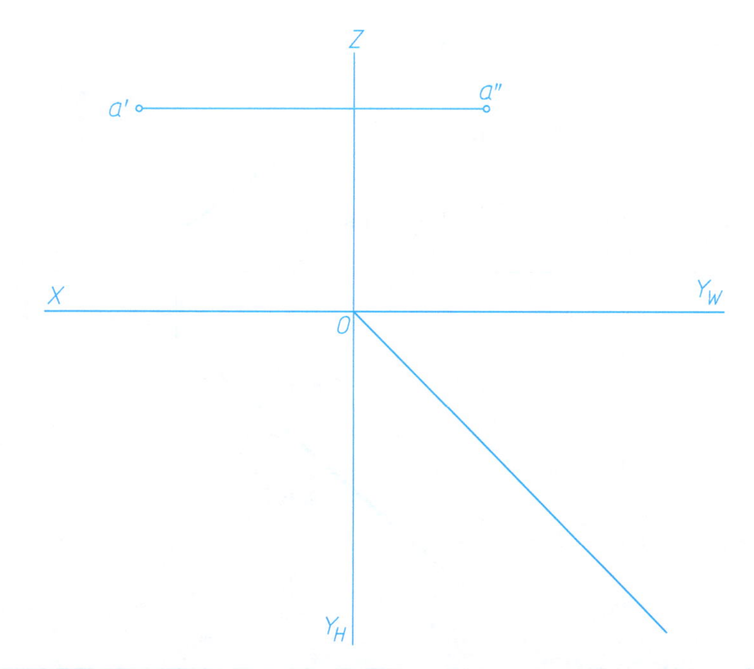

2-2-5 已知点 B 在点 A 的正右方 12mm，点 C 在点 B 的正前方 25mm，求作点 B、C 的三面投影，并判断可见性。

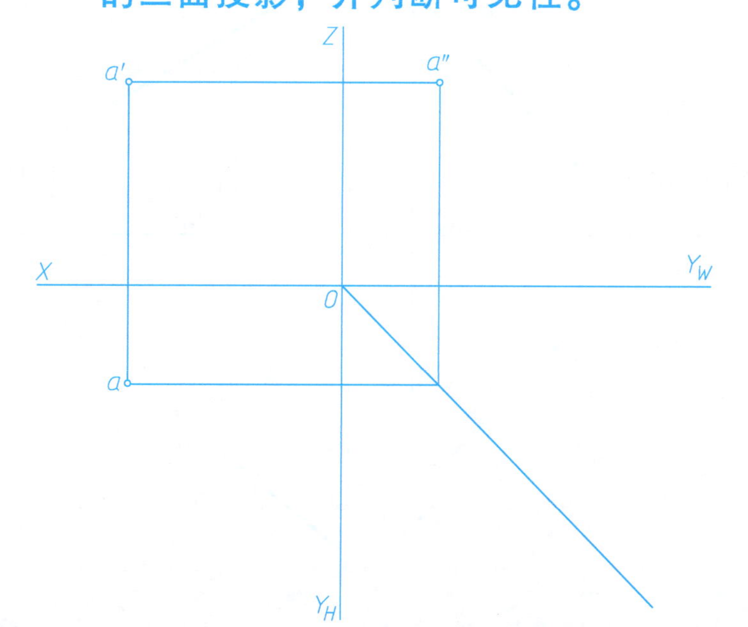

2-2-6 完成点 A、B、C 的三面投影。

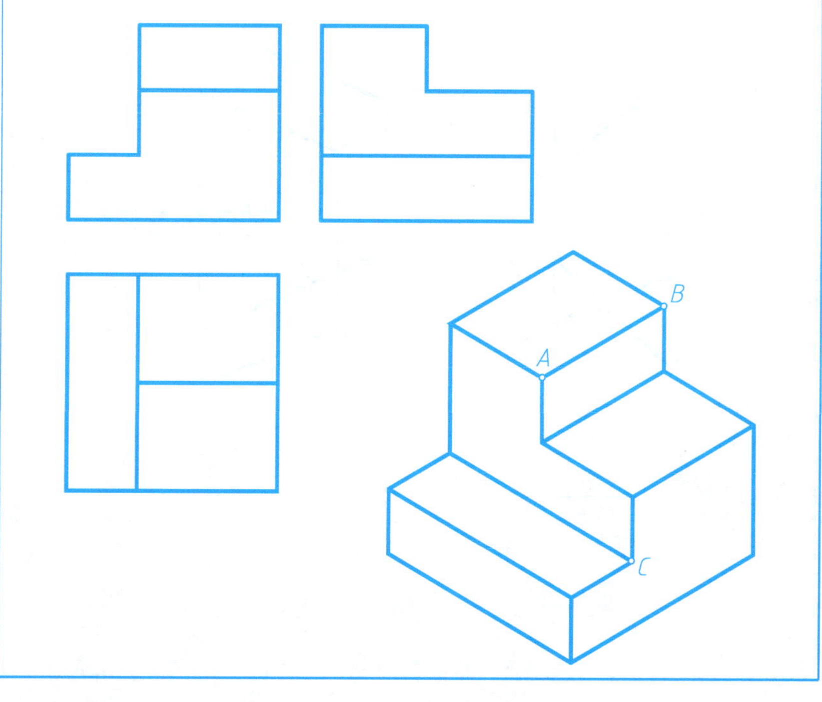

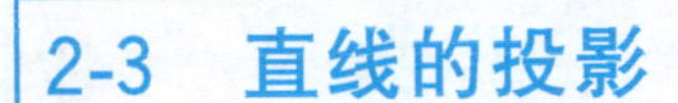

2-3　直线的投影

班级　　　　姓名　　　　学号

2-3-1　完成直线的第三面投影，并判断其相对投影面的位置。

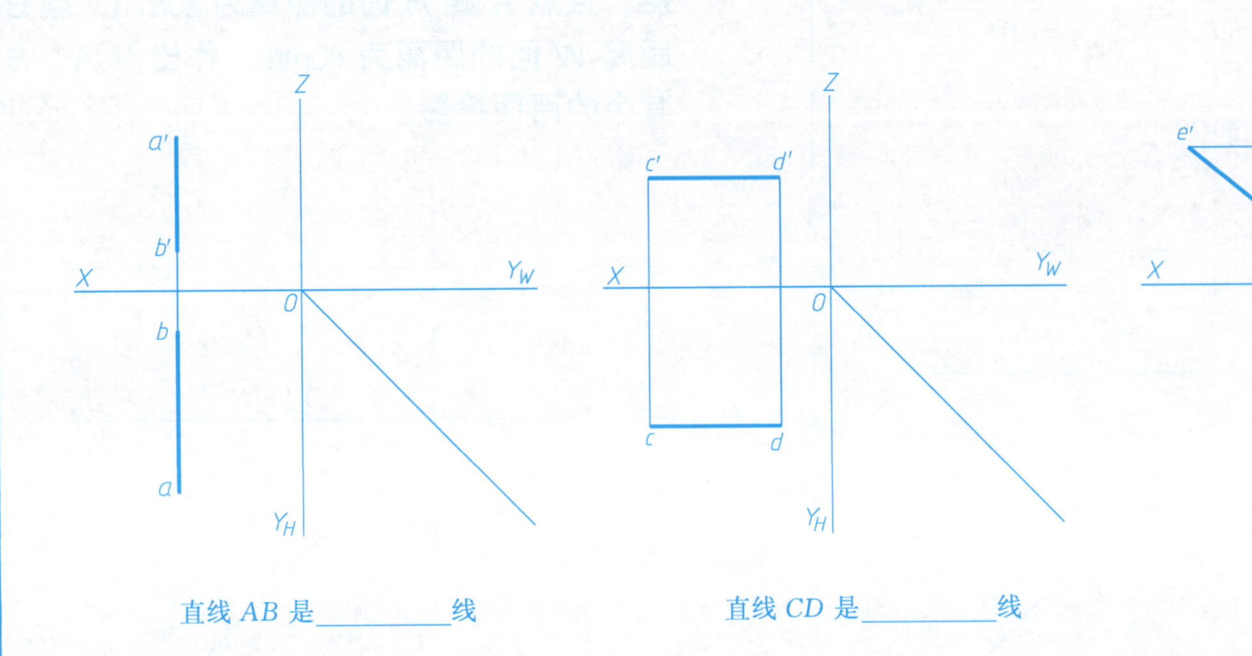

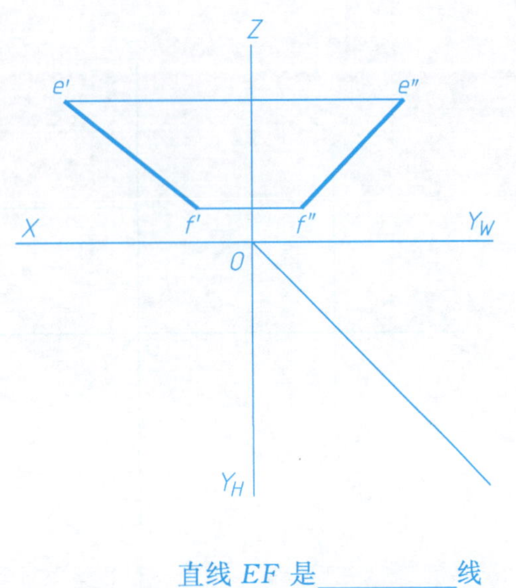

直线 AB 是________线　　直线 CD 是________线　　直线 EF 是________线

2-3-2　完成点 A、B、C、D 的三面投影，并判断各直线相对投影面的位置。

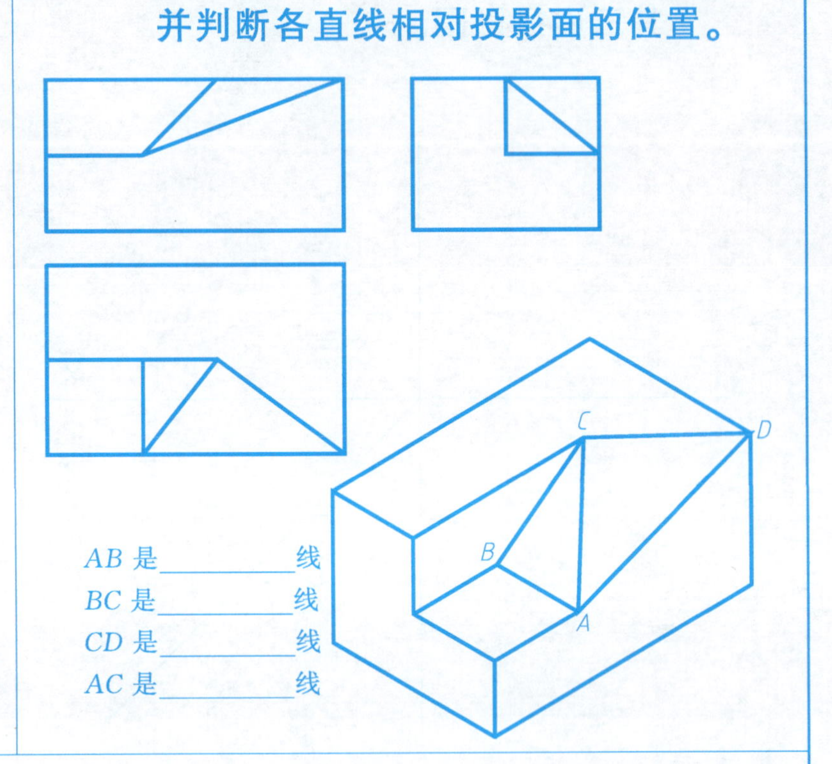

AB 是________线

BC 是________线

CD 是________线

AC 是________线

2-3-3　判断图中两条直线的相对位置。

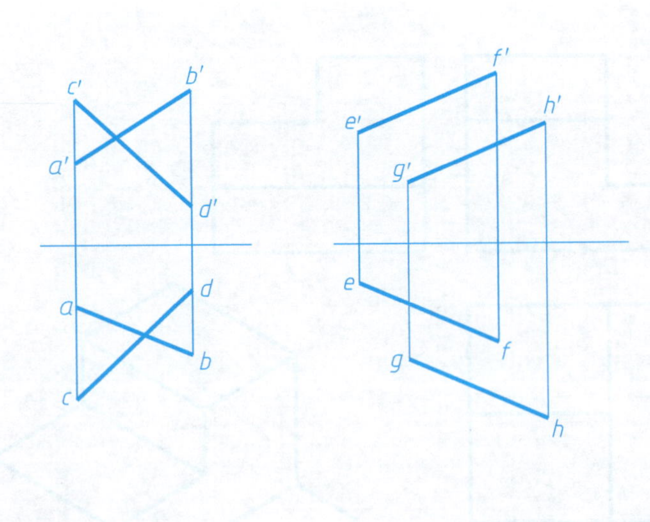

________　　________

2-3-4　作直线 AB 与 CD 相交，且与 EF 平行。

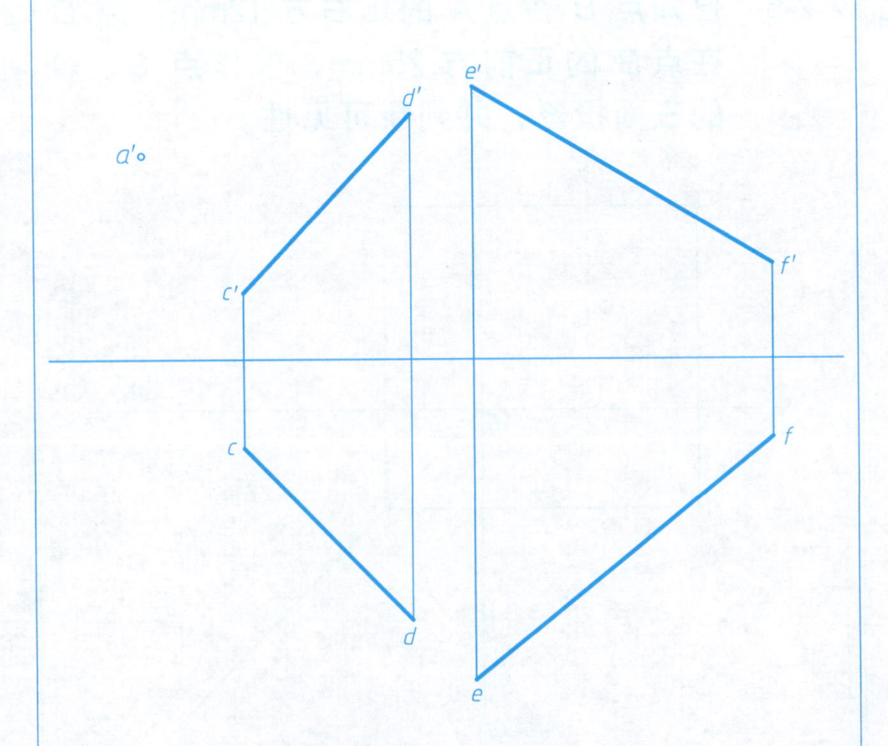

2-3-5　过点 A 作一条正平线 AB 与直线 CD 相交。

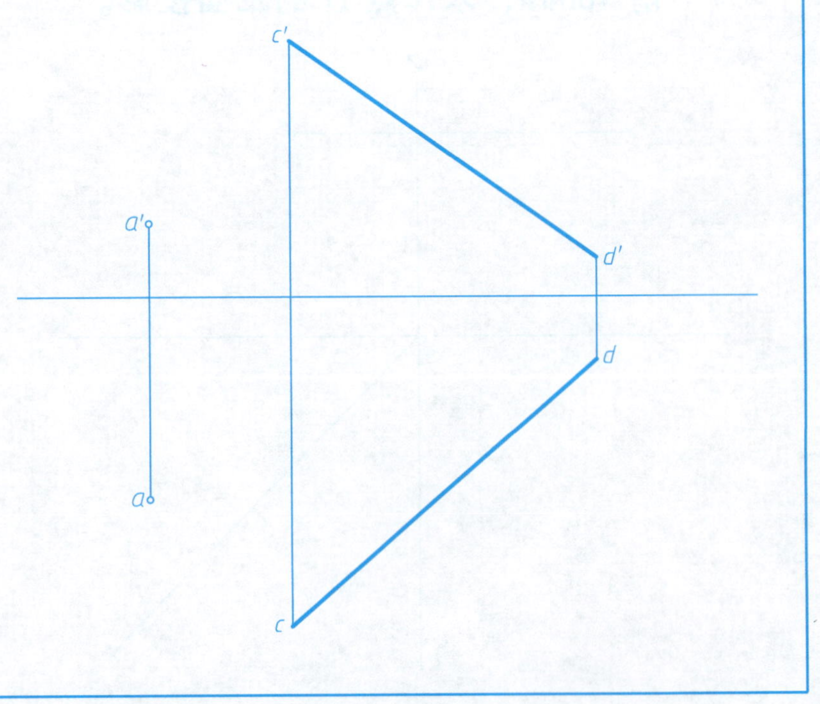

2-4 平面的投影

班级　　　　姓名　　　　学号

2-4-1 完成平面的第三面投影，并判断其相对投影面的位置。

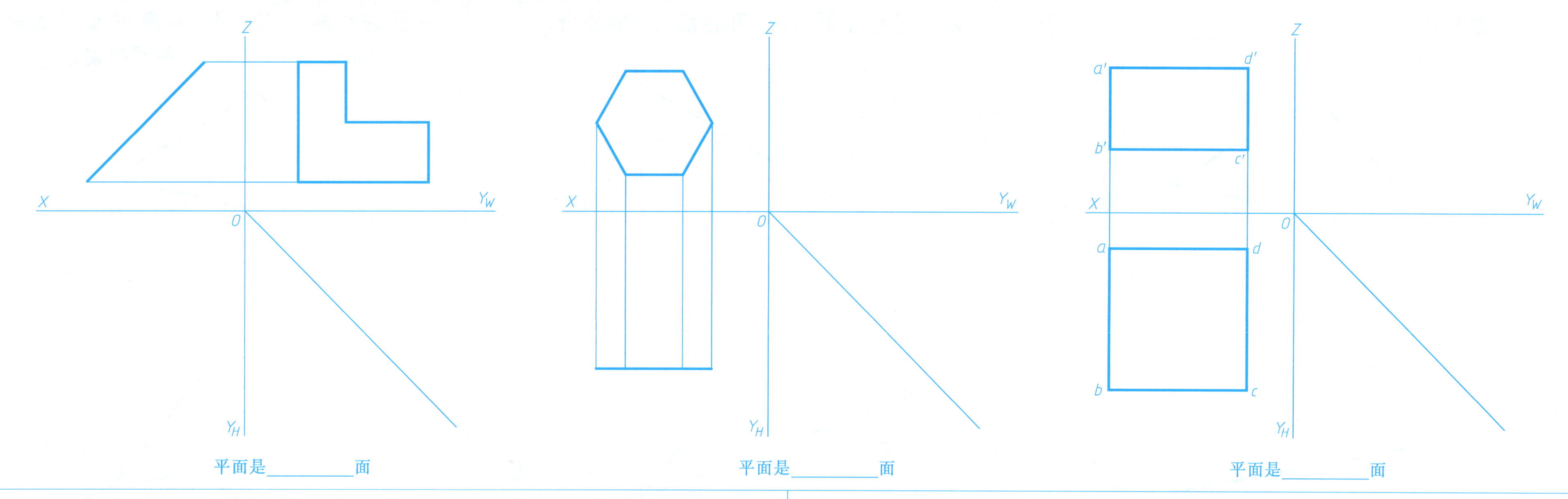

平面是________面　　平面是________面　　平面是________面

2-4-2 根据平面 *P* 的标注，在立体图上和三视图上标出平面 *A*、*B*、*C*，并判断各平面相对投影面的位置。

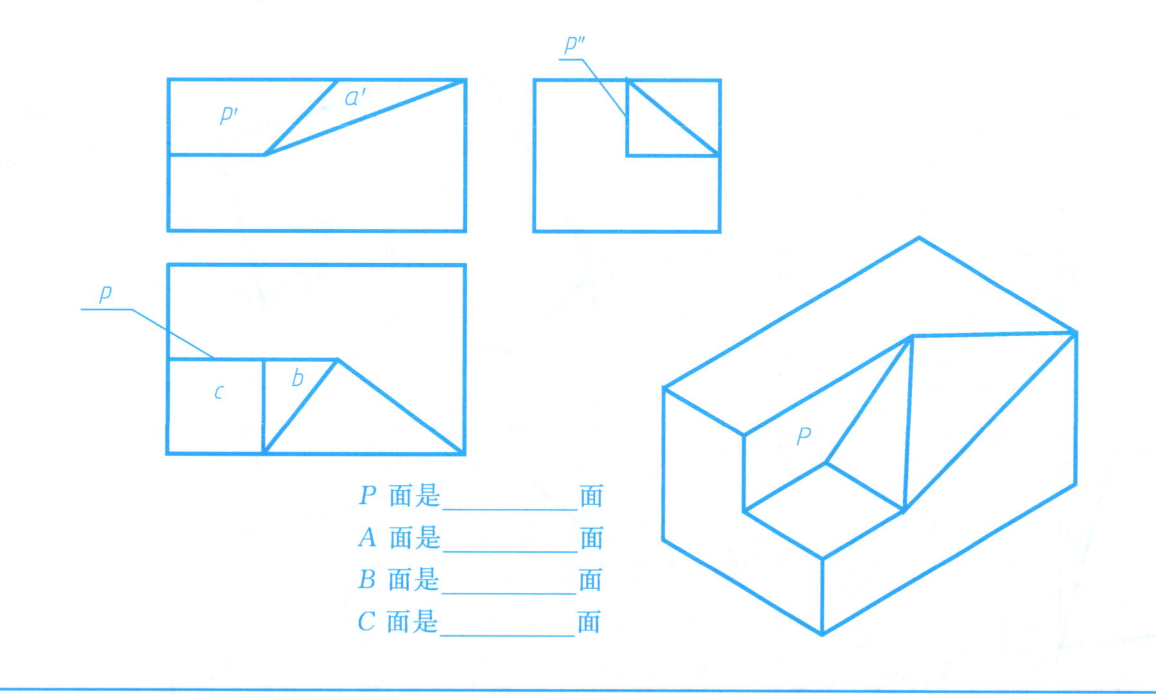

P 面是________面

A 面是________面

B 面是________面

C 面是________面

2-4-3 通过作图判断点 *M* 和直线 *CD* 是否在平面 *ABC* 上。

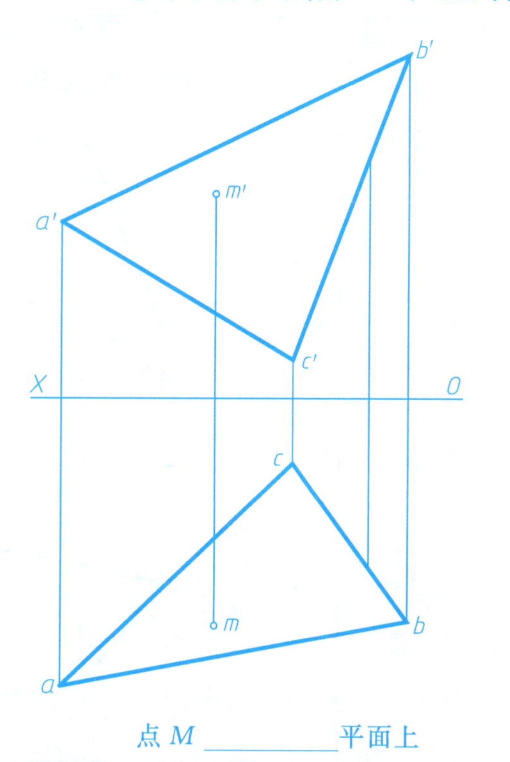

点 *M* ________平面上

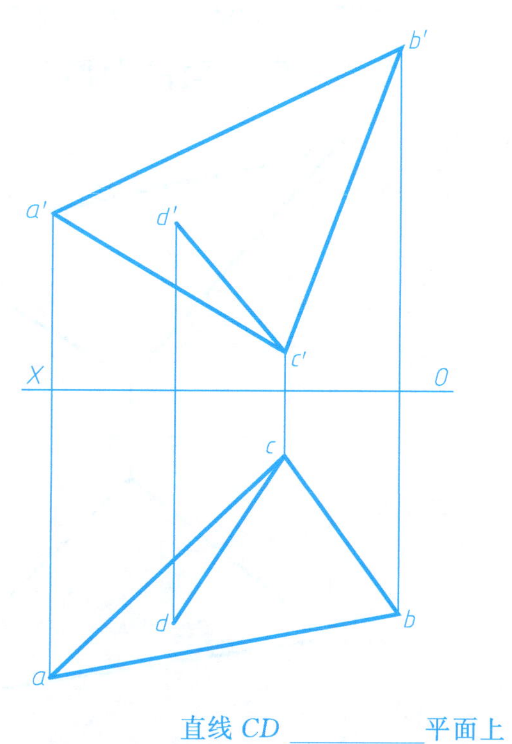

直线 *CD* ________平面上

2-4-4 点 *D* 在平面 *ABC* 上，作出点 *D* 的水平面投影。

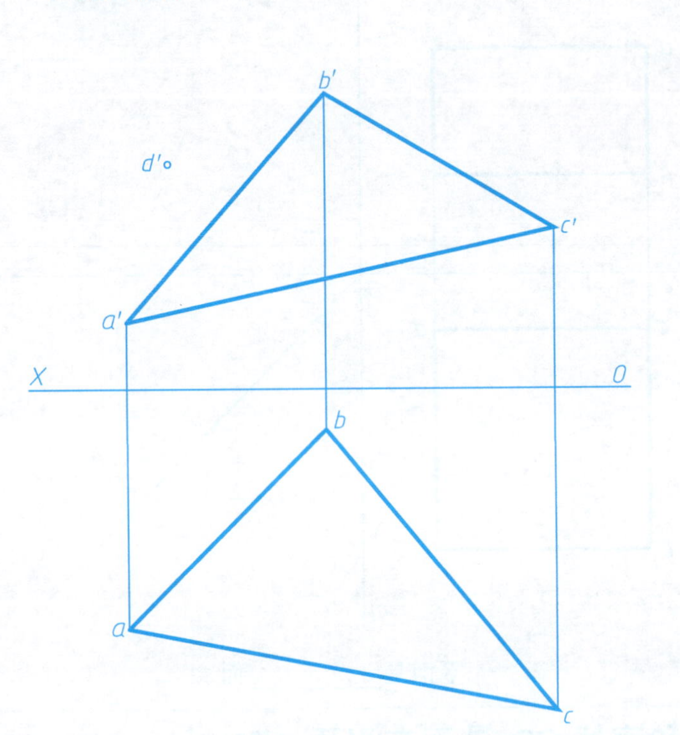

2-4-5 已知直线 *AD* 是平面 *ABC* 上的一条正平线，补全平面 *ABC* 和直线 *AD* 的投影。

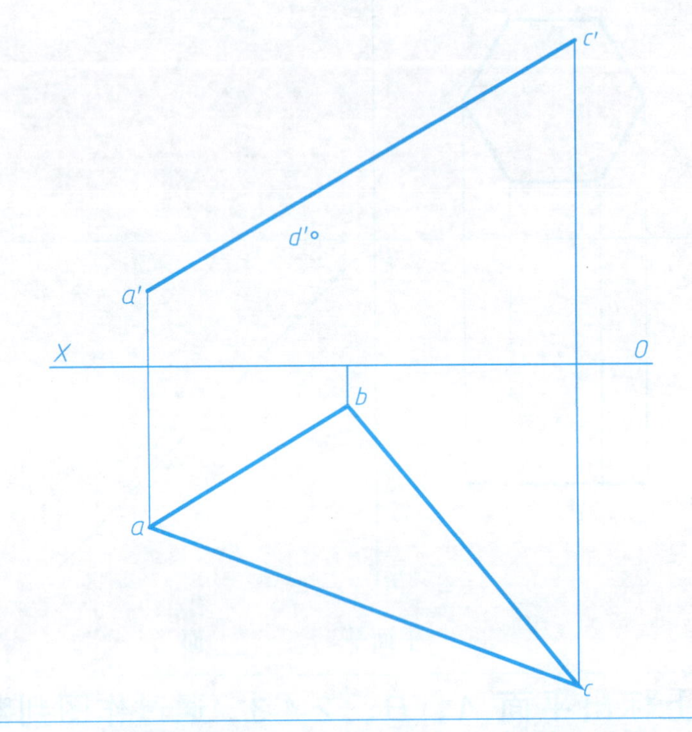

2-4-6 已知点 *D* 在平面 *ABC* 上，且点 *D* 距离 *H* 面的距离为 20mm、距离 *V* 面的距离为 25mm，作出点 *D* 的两面投影。

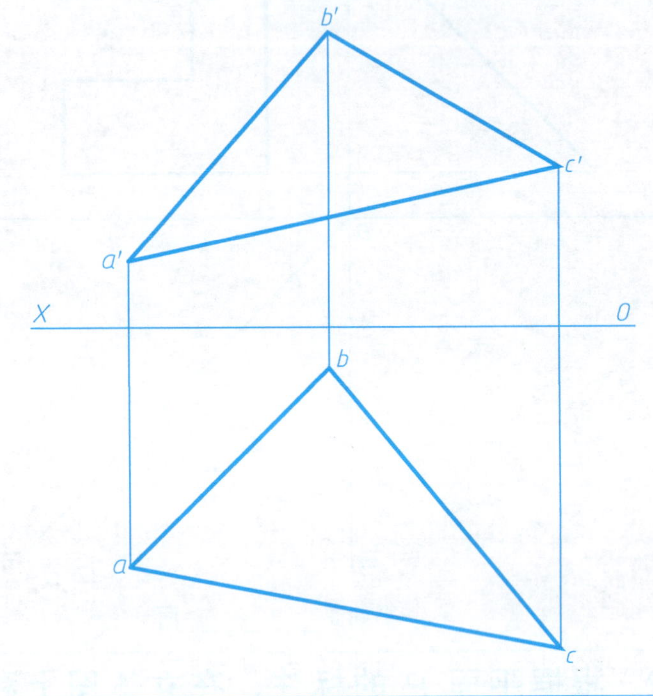

2-4-7 在平面 *ABC* 上作一条正平线 *EF*，且直线 *EF* 到 *V* 面的距离为 20mm。

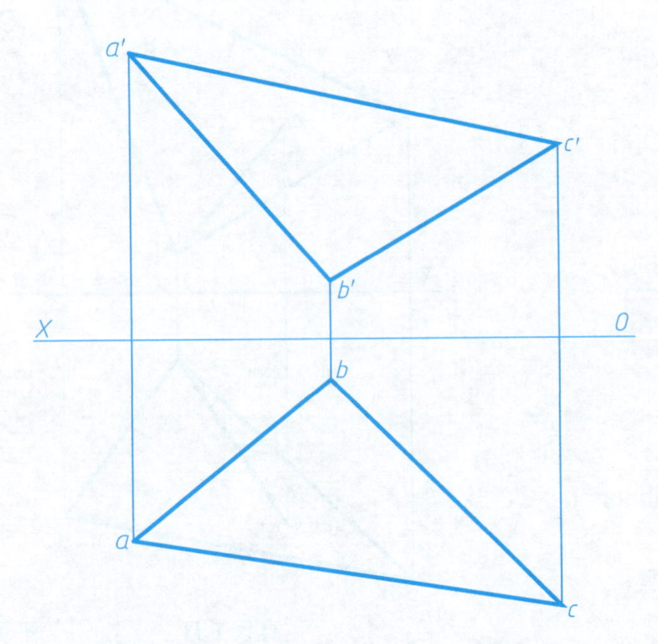

2-4-8 已知直线 *AD* 为水平线，完成平面 *ABCD* 的两面投影。

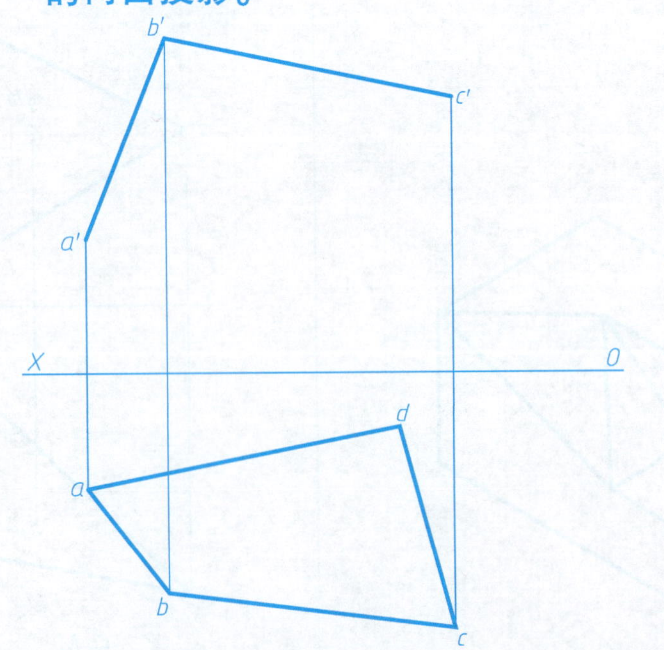

2-4-9 完成平面 *ABCDE* 的水平面投影。

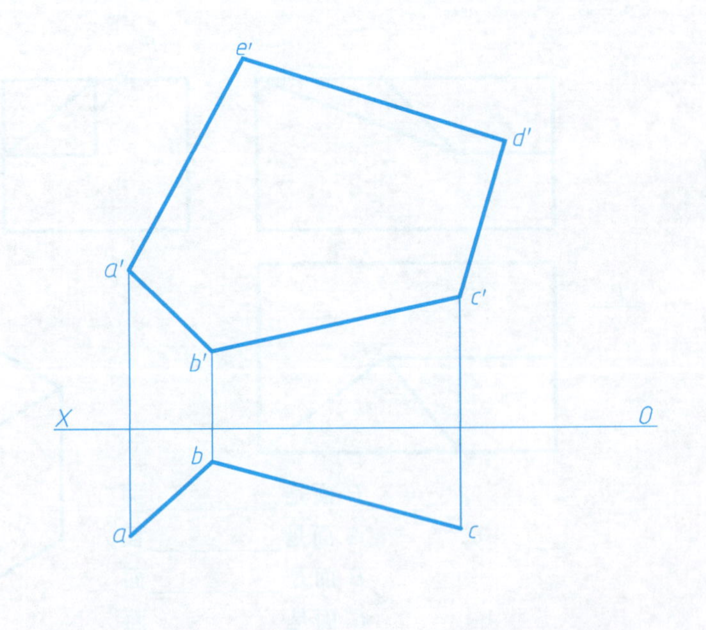

第 3 章　基本体及其表面交线

3-1　补画基本体的第三视图，并作出其表面上各点的其余两面投影　　班级　　姓名　　学号

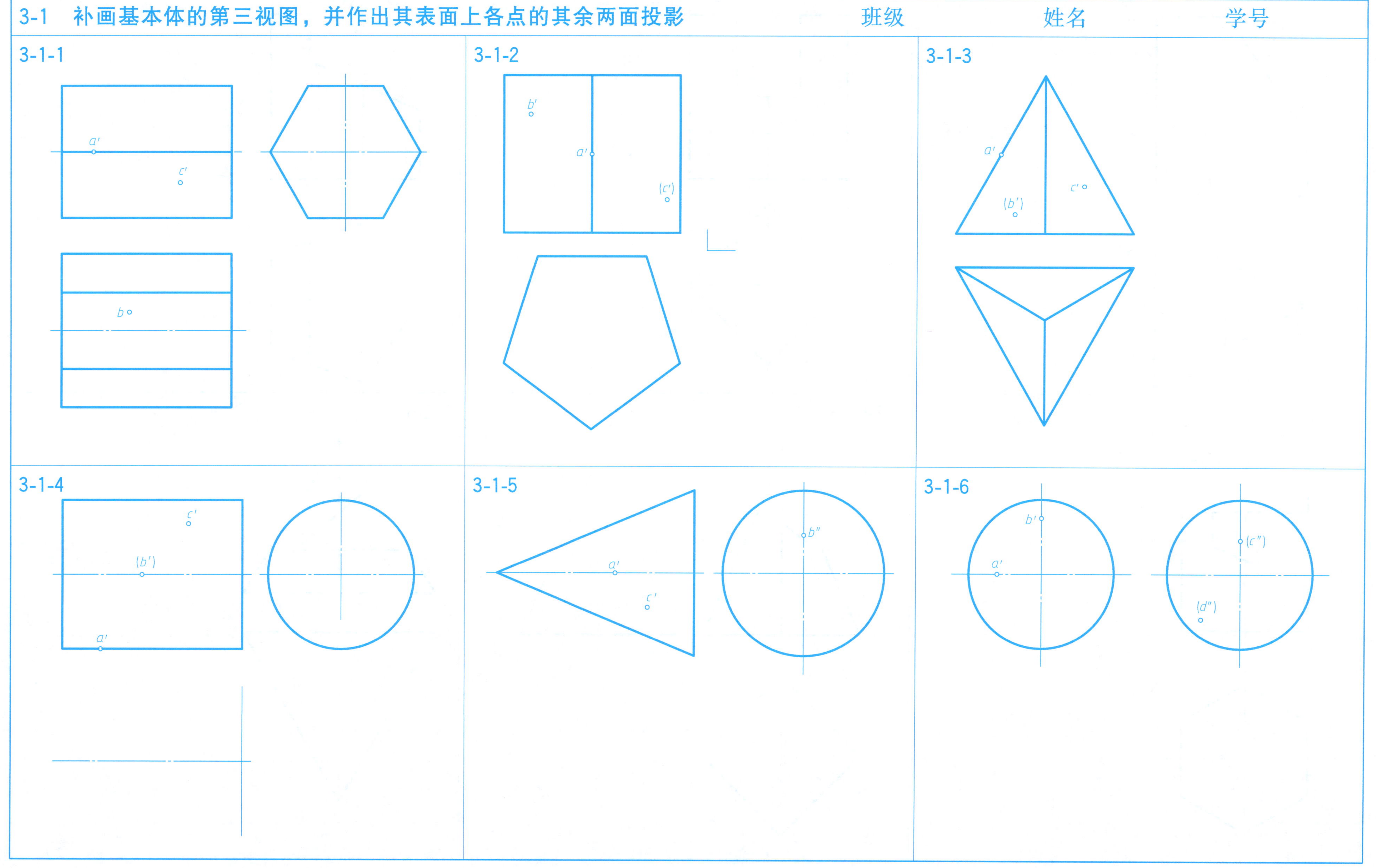

3-2 补画立体被截切后的投影　　班级　　姓名　　学号

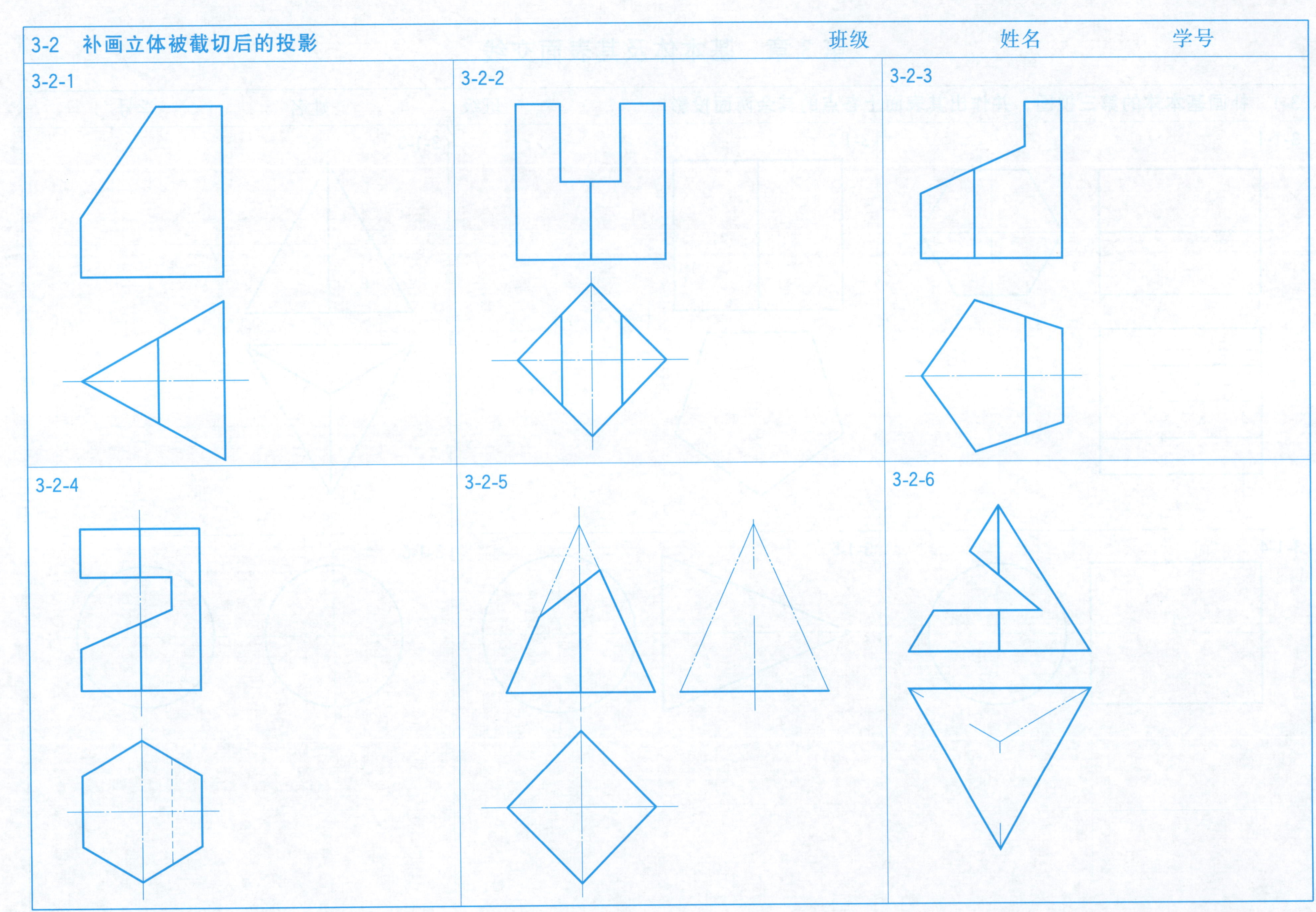

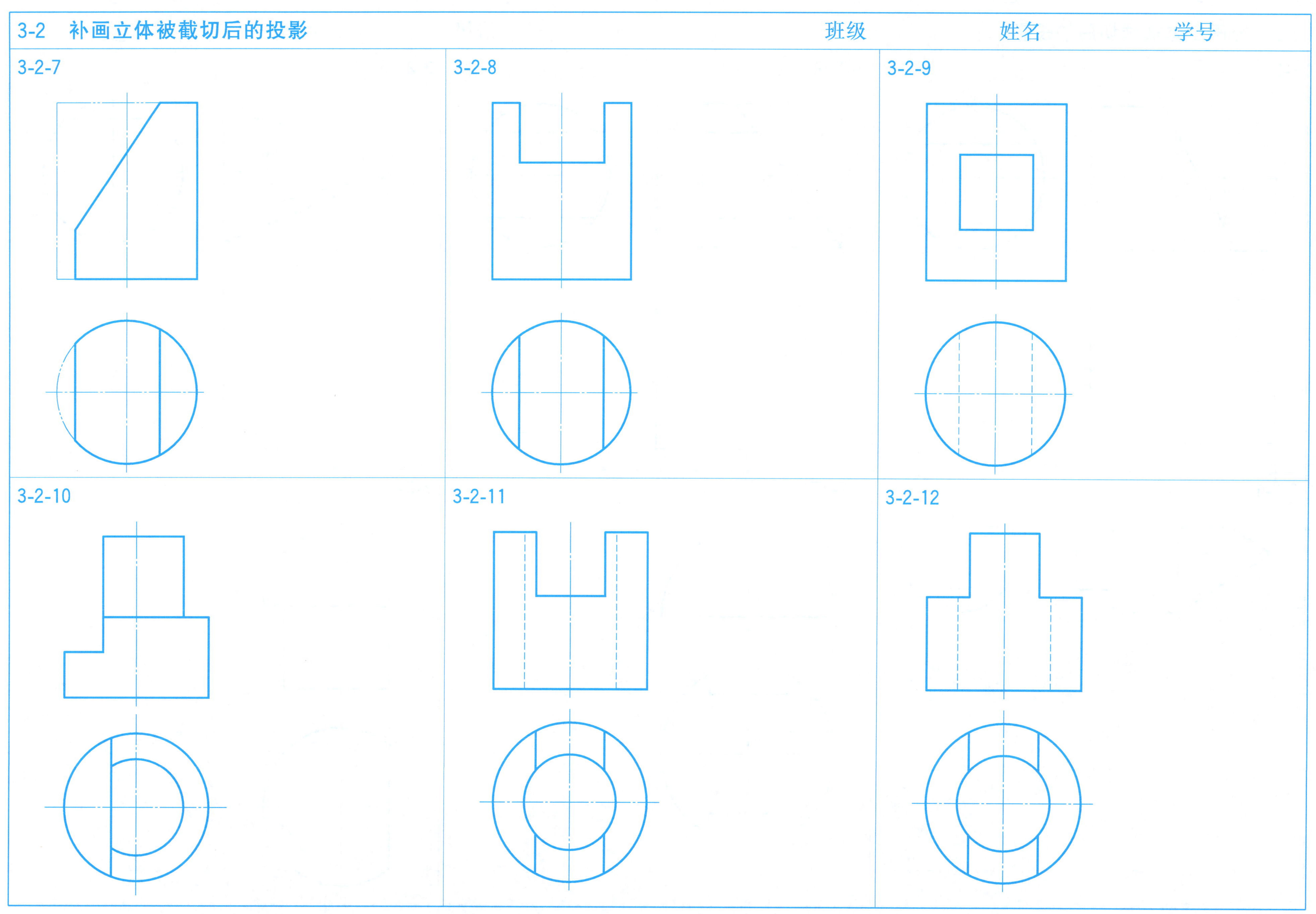
3-2-7
3-2-8
3-2-9
3-2-10
3-2-11
3-2-12

3-2 补画立体被截切后的投影 班级 姓名 学号

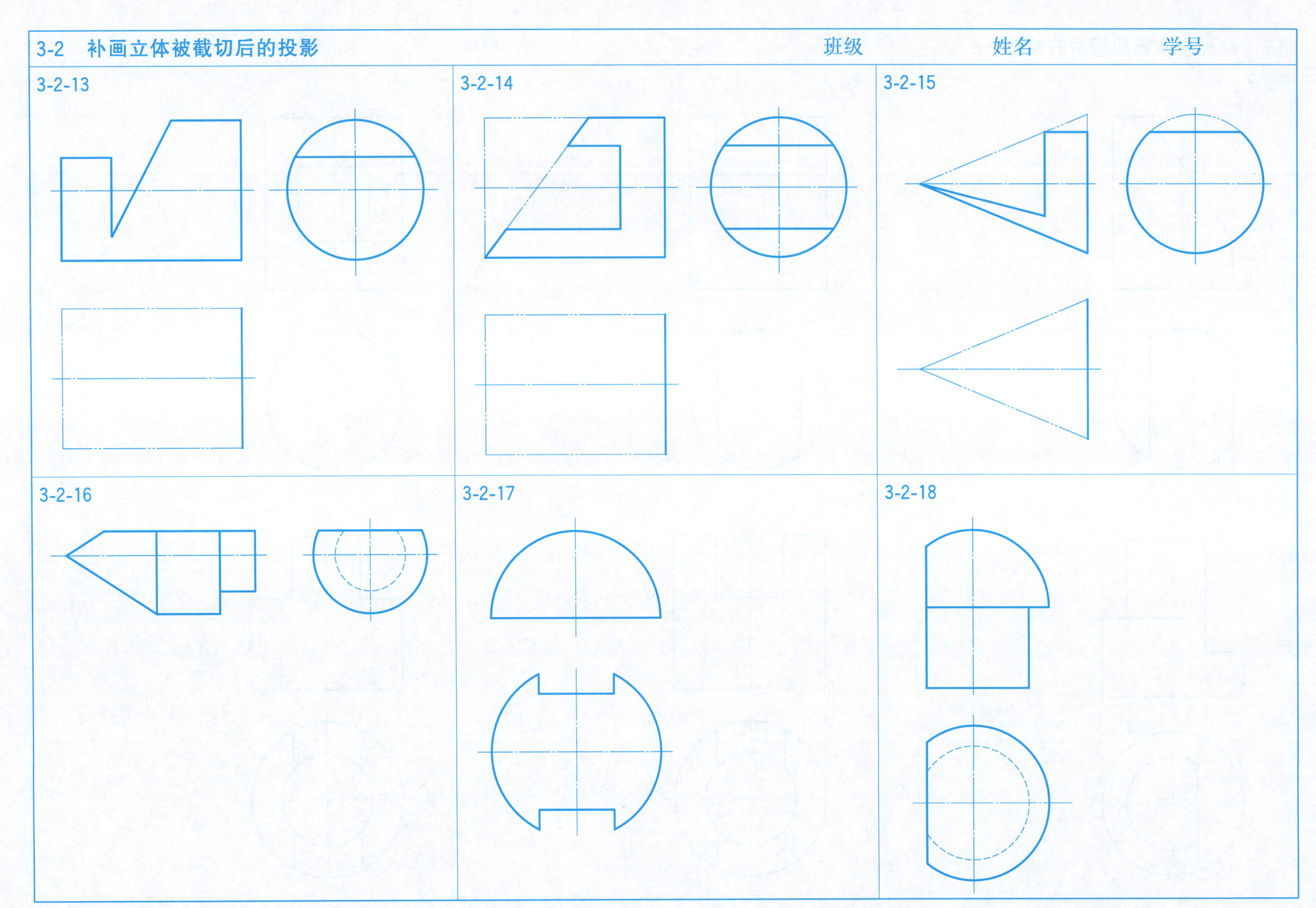

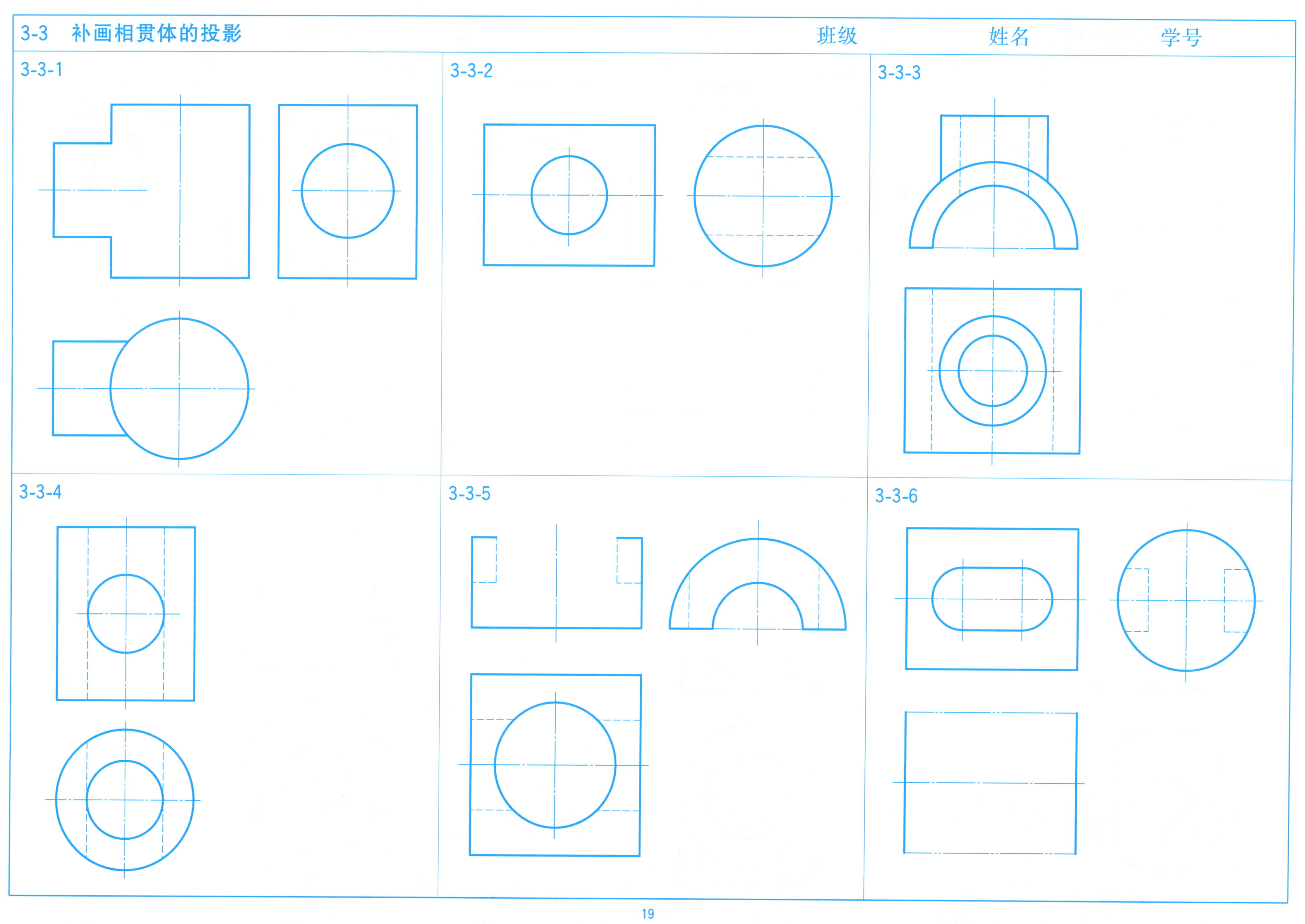
3-3 补画相贯体的投影
班级
姓名
学号
3-3-1
3-3-2
3-3-3
3-3-4
3-3-5
3-3-6

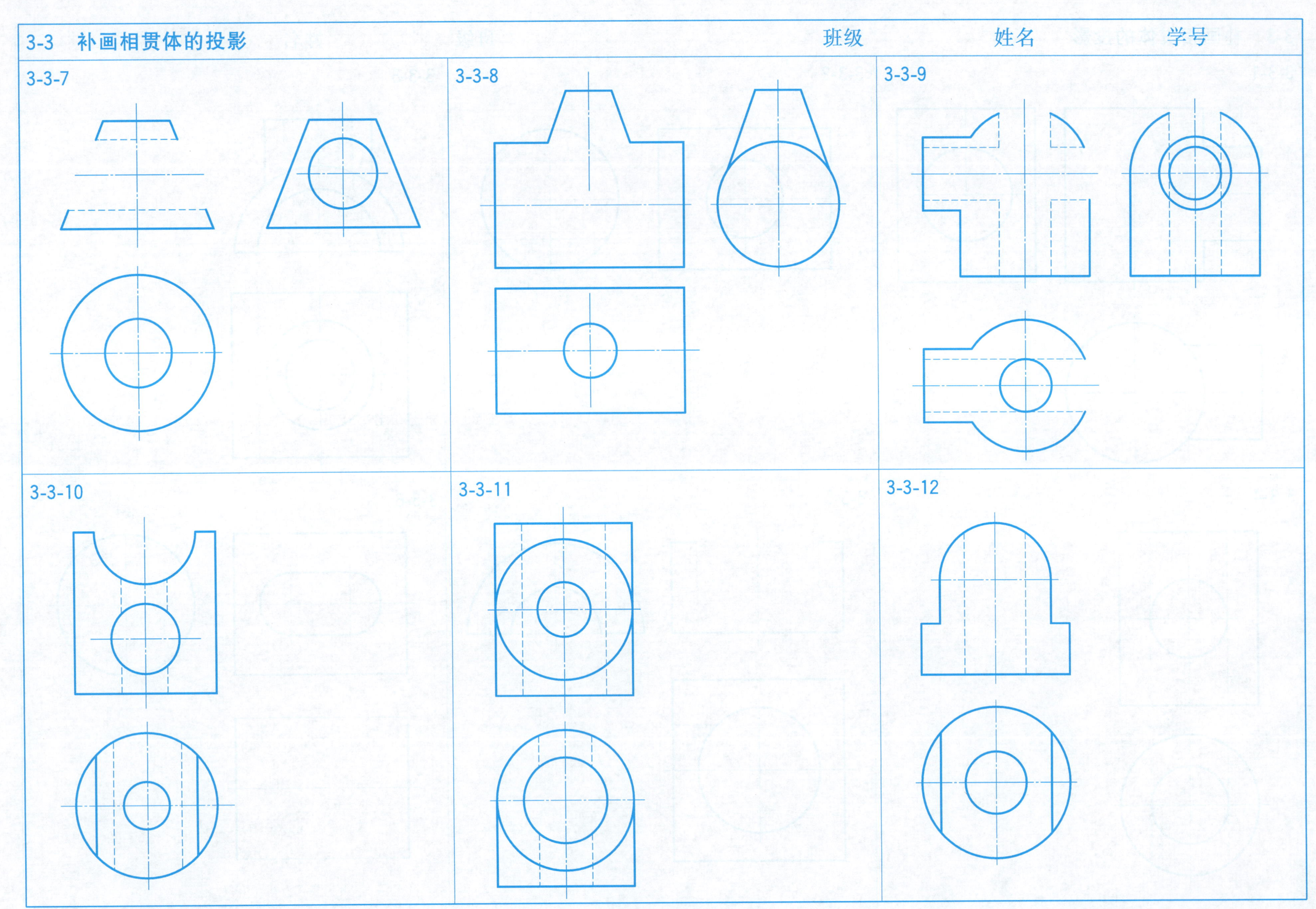
3-3 补画相贯体的投影
班级
姓名
学号
3-3-7
3-3-8
3-3-9
3-3-10
3-3-11
3-3-12

第 4 章　轴　测　图

4-1　根据已有视图，绘制物体的正等轴测图（尺寸按 1：1 比例从视图中量取）　　班级　　　　姓名　　　　学号

4-1-1

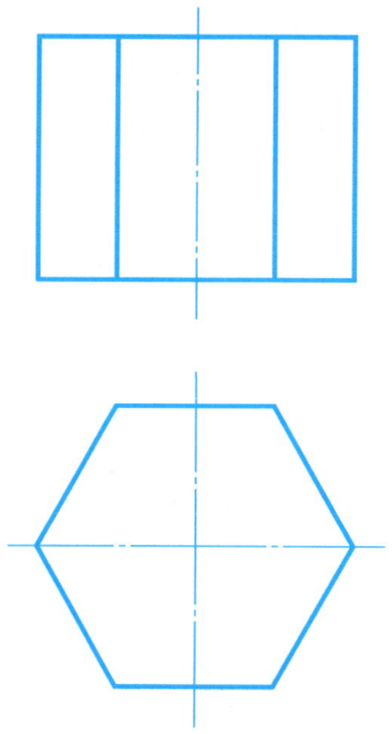

4-1-2

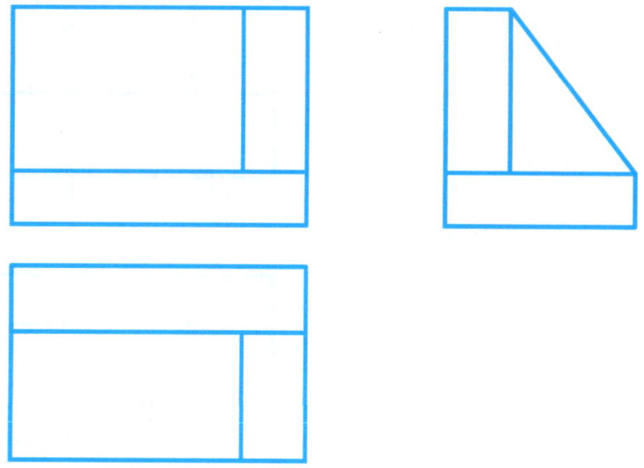

4-1-3

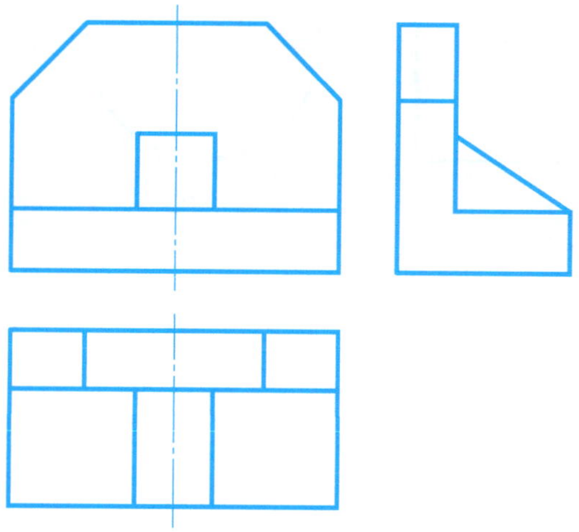

4-1-4

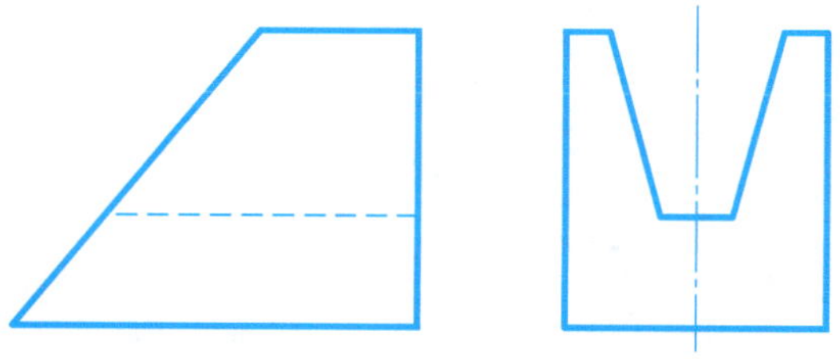

4-1-5

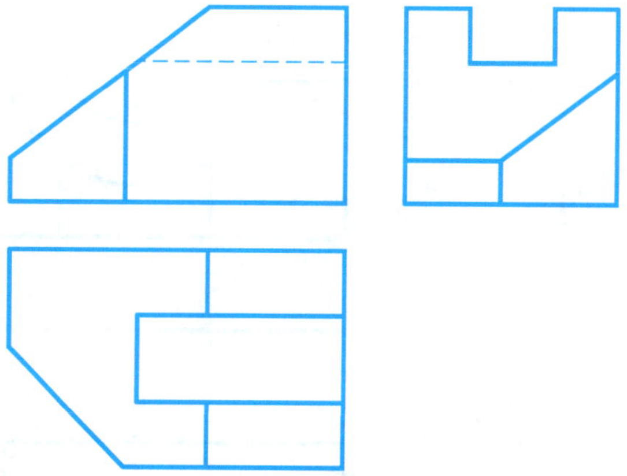

4-1-6

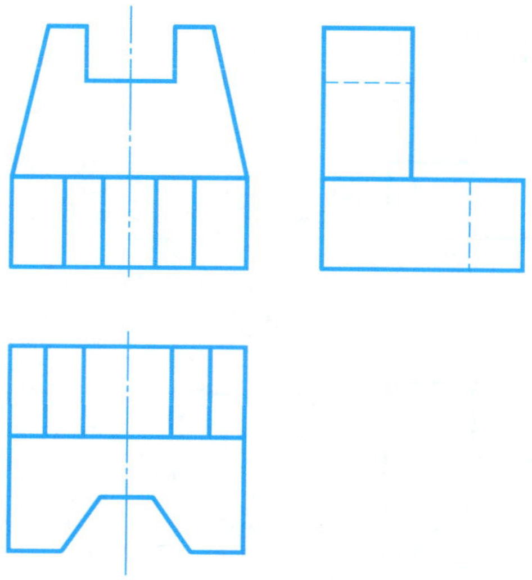

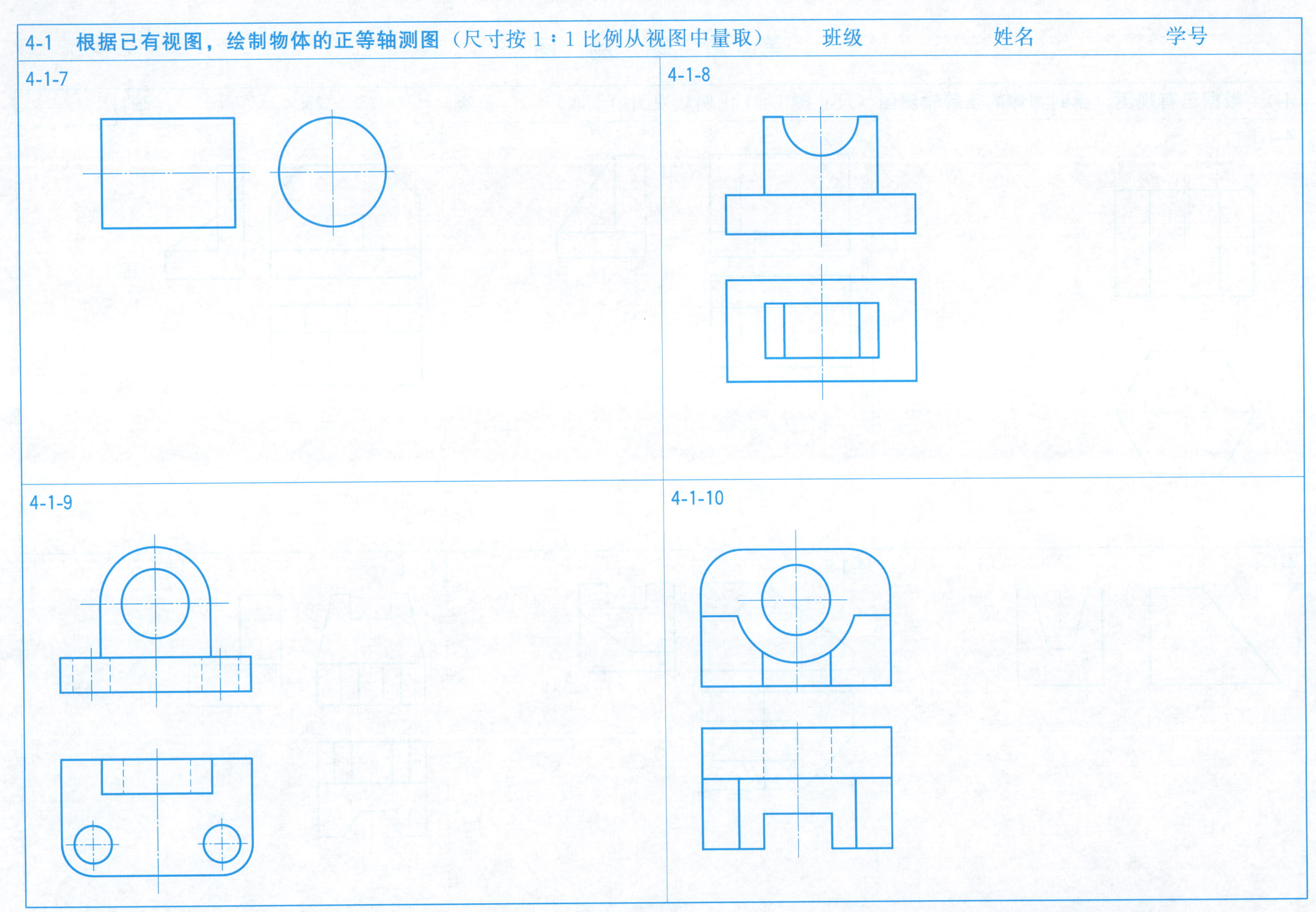
4-1 根据已有视图，绘制物体的正等轴测图（尺寸按 1∶1 比例从视图中量取）
班级
姓名
学号
4-1-7
4-1-8
4-1-9
4-1-10

4-2 **根据已有视图，绘制物体的斜二等轴测图**（尺寸按 1：1 比例从视图中量取） 班级 姓名 学号

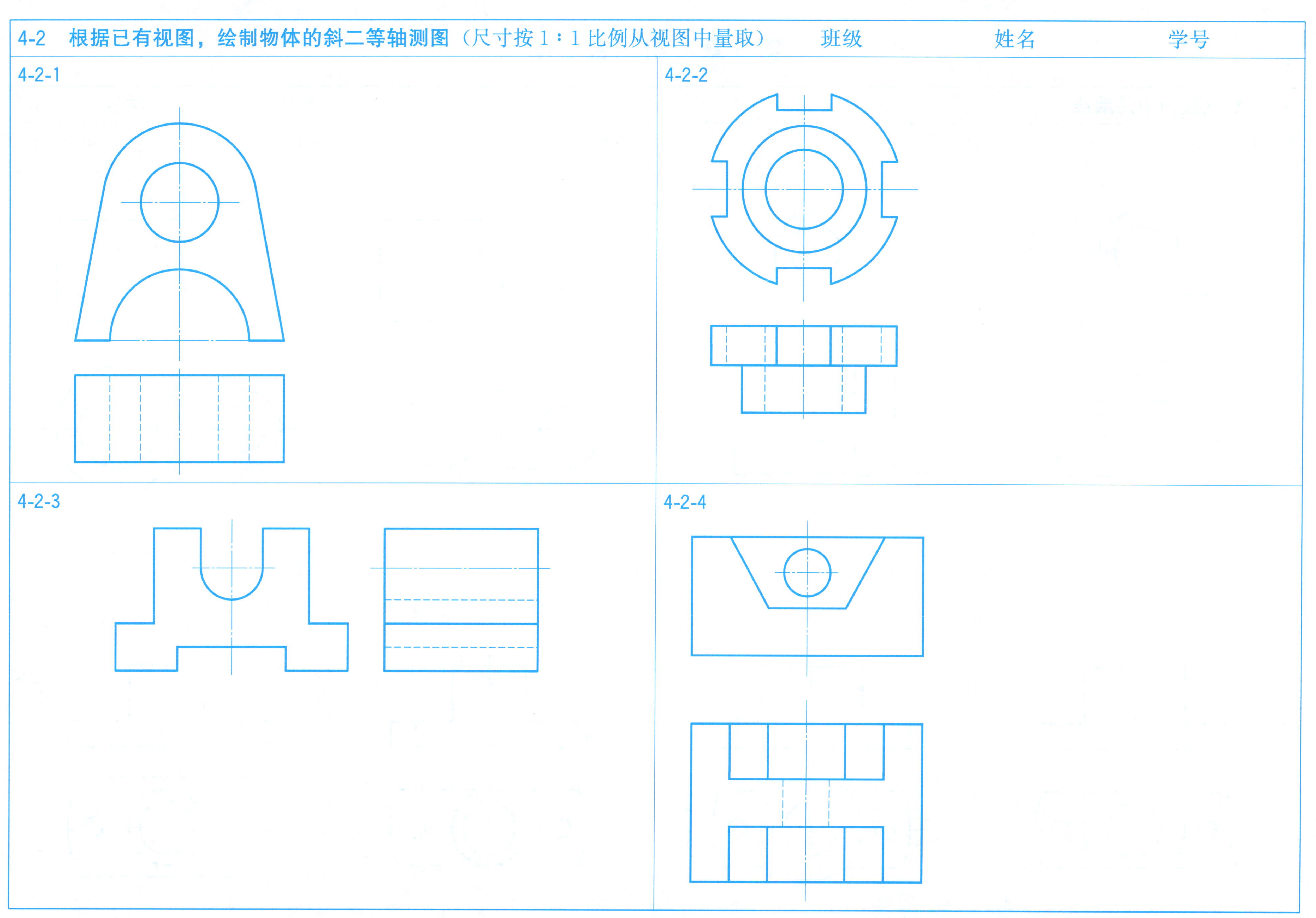

第5章 组 合 体

5-1 补画视图中的漏线 班级 姓名 学号

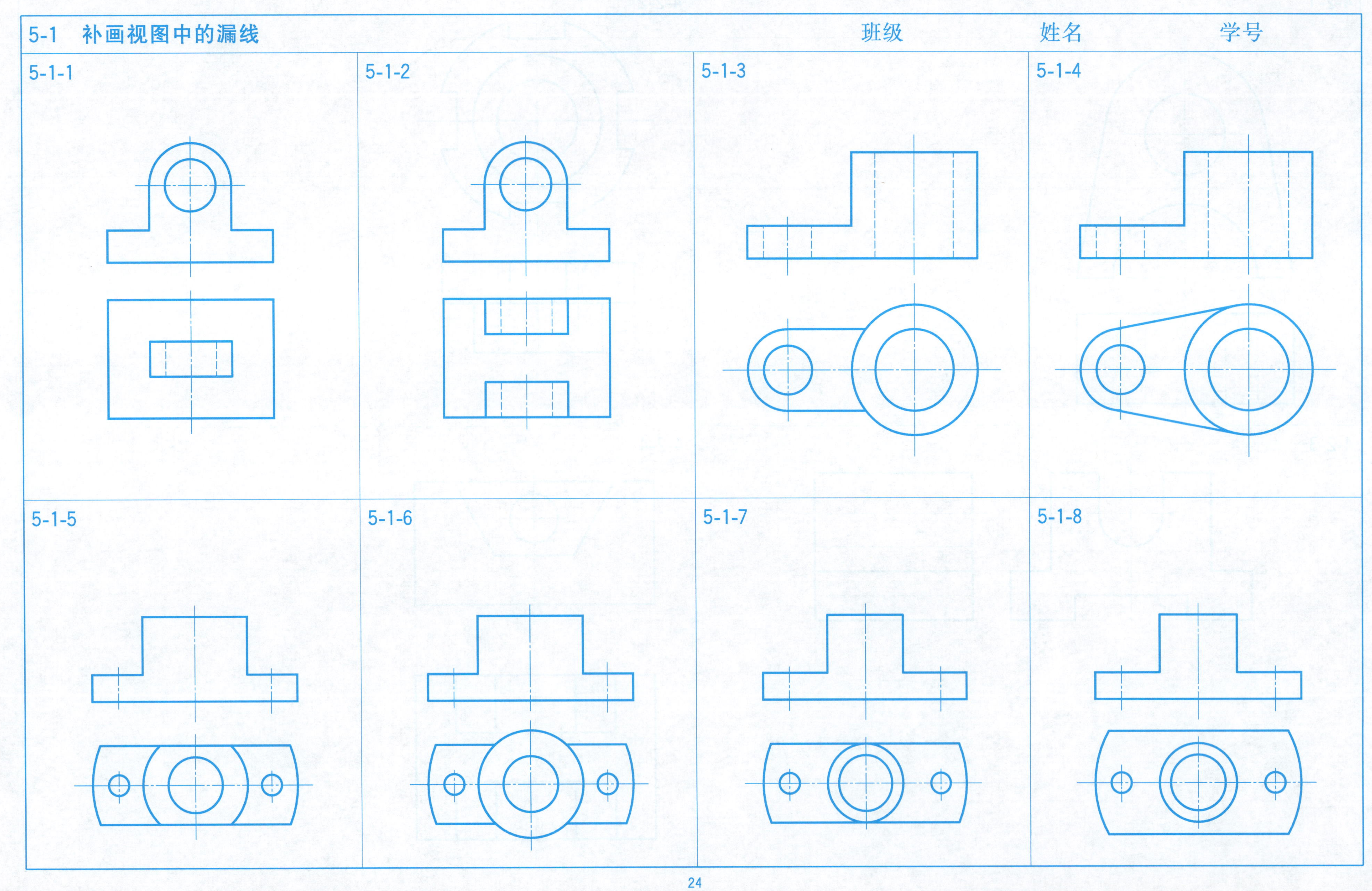

5-2 根据立体图，绘制物体的三视图，并标注尺寸

班级　　　　姓名　　　　学号

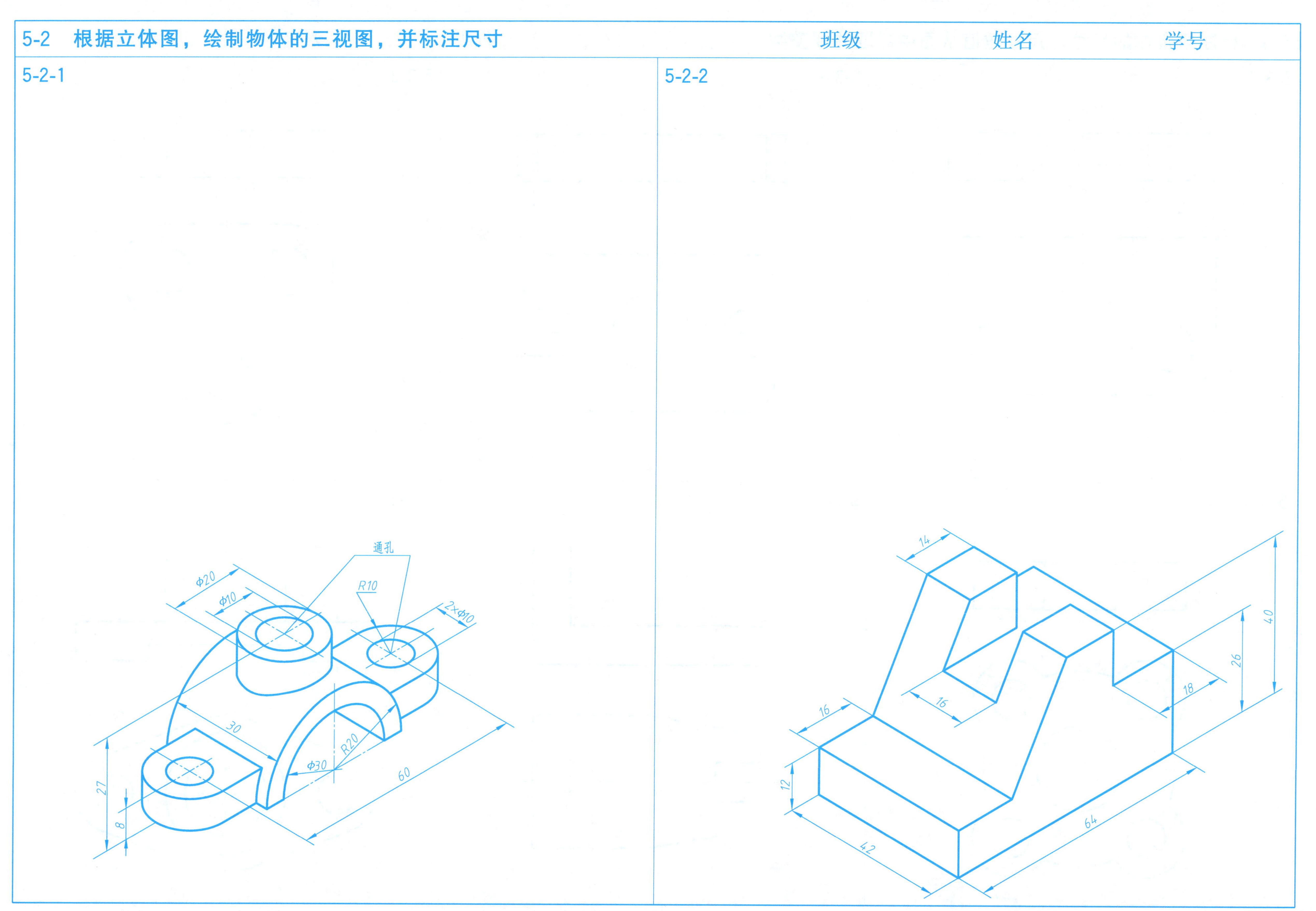

5-3　标注组合体的尺寸，尺寸数值从图中量取并取整数　　班级　　姓名　　学号

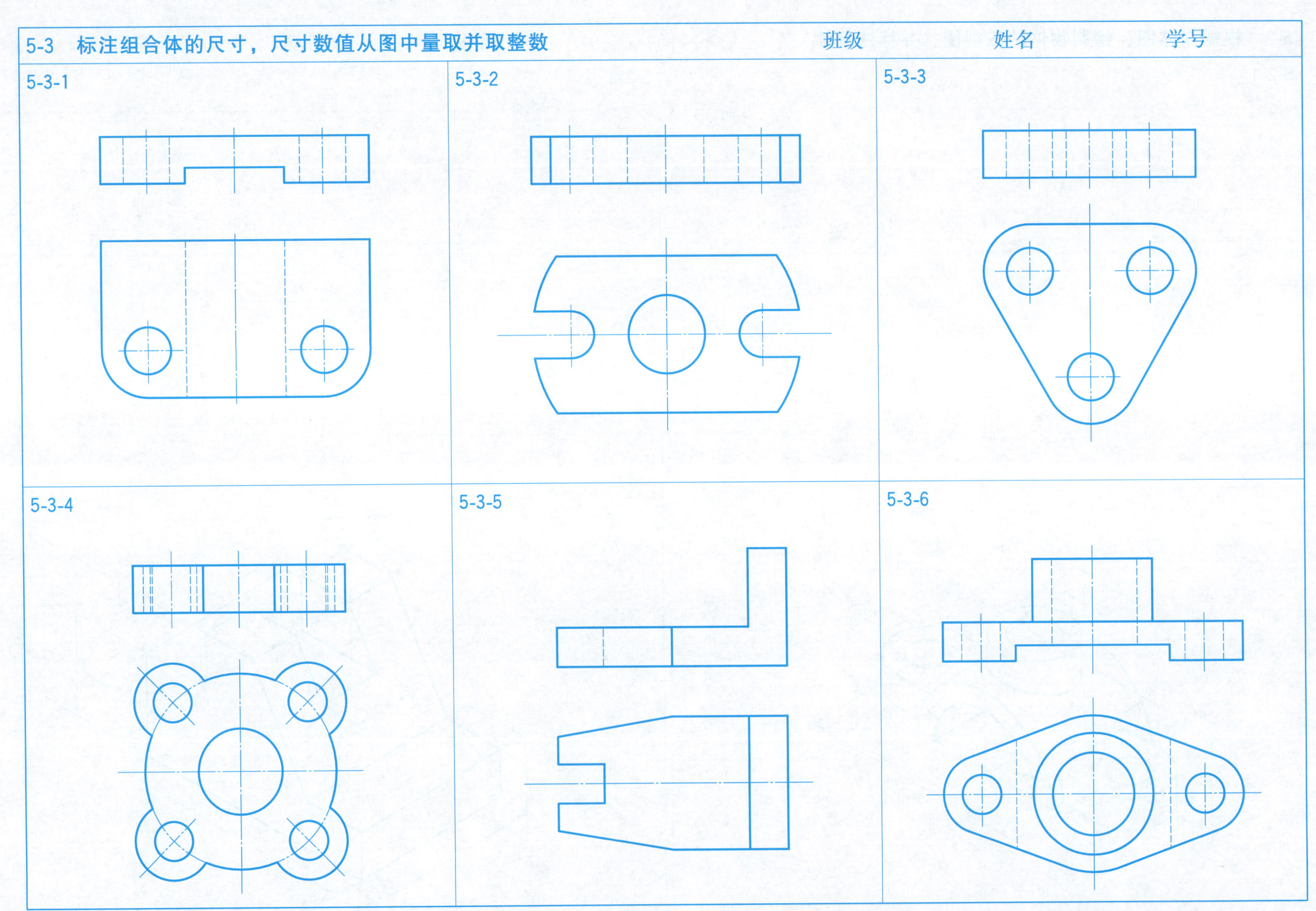

5-3 标注组合体的尺寸，尺寸数值从图中量取并取整数　　班级　　姓名　　学号

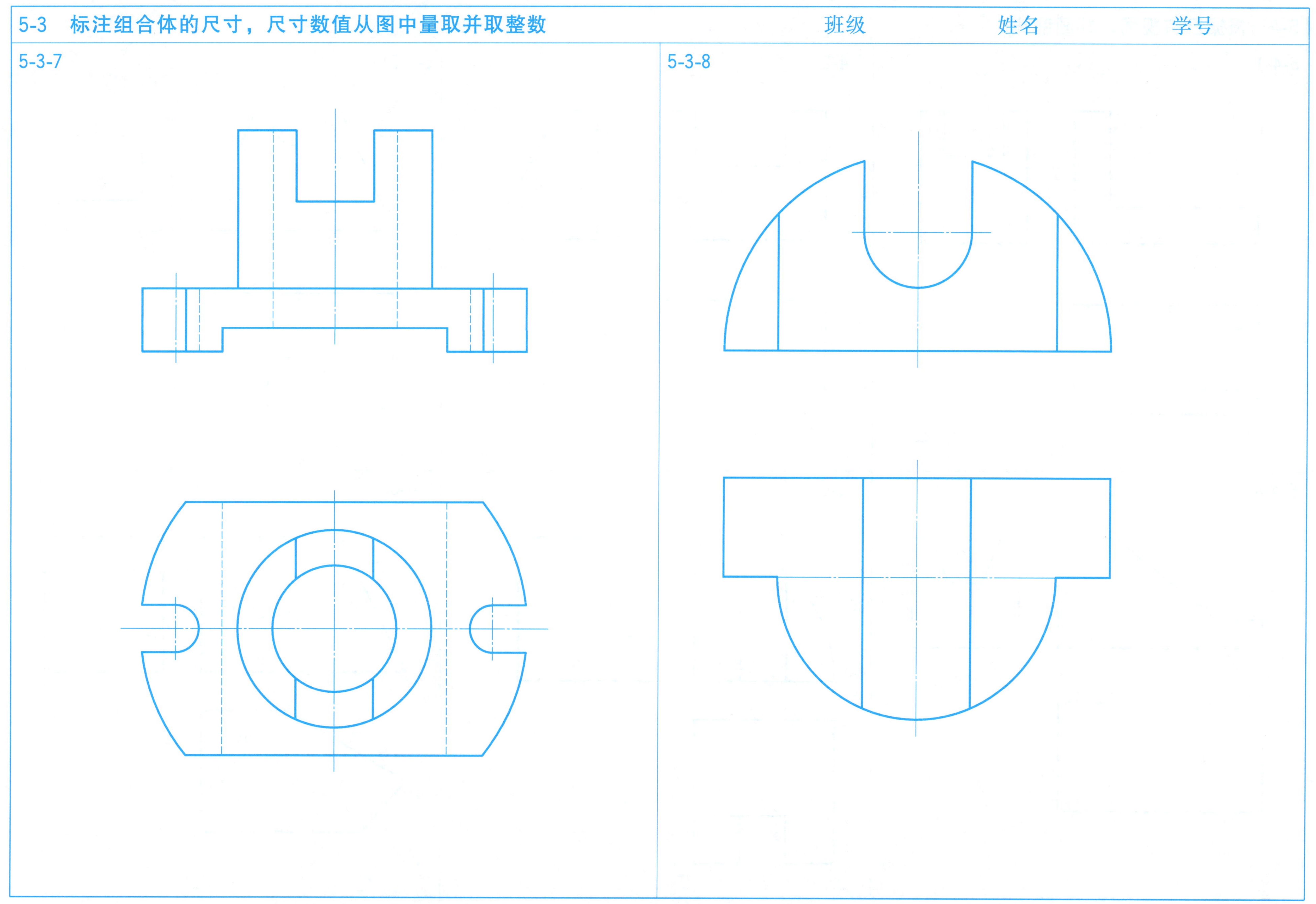

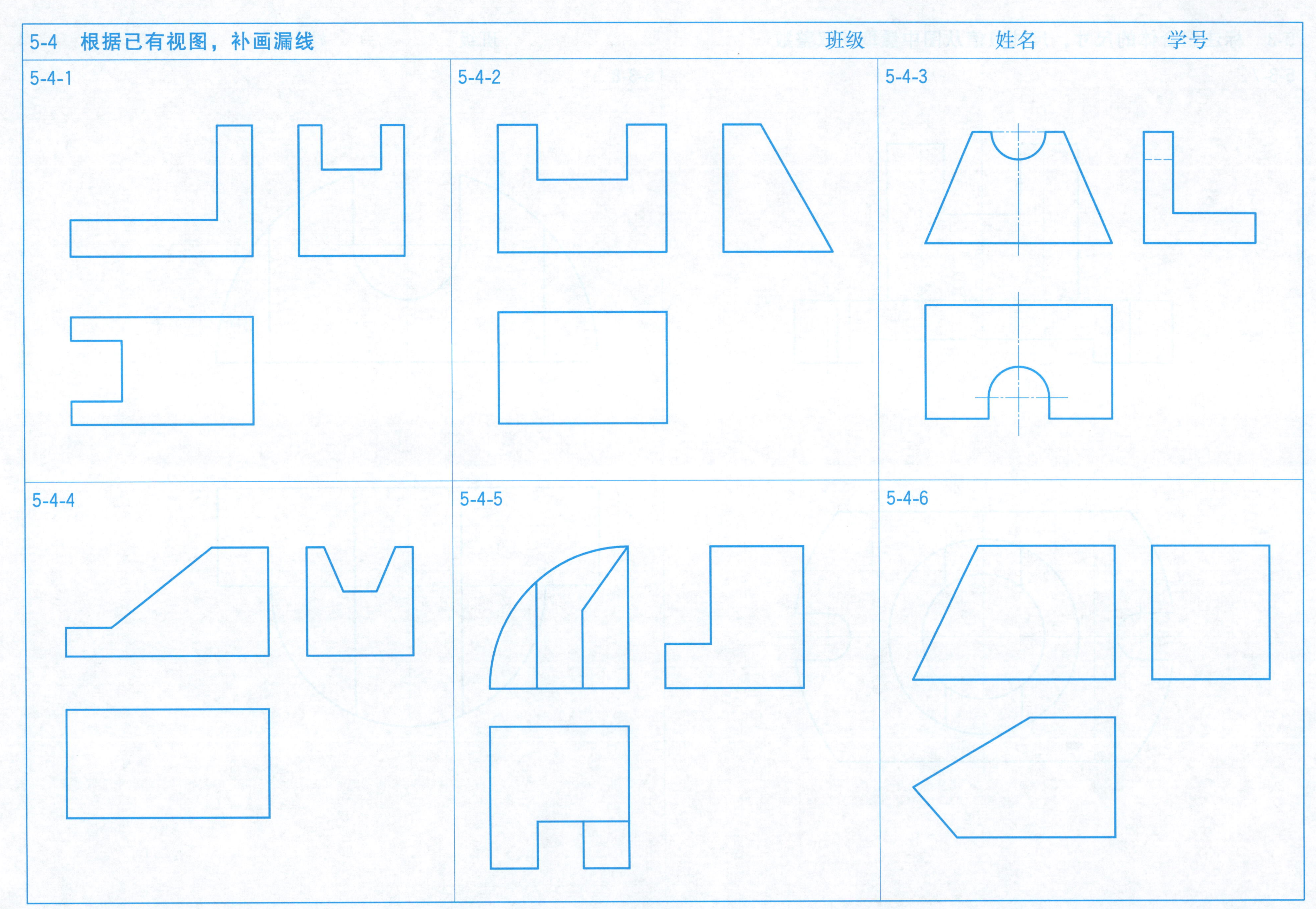
5-4 根据已有视图，补画漏线
班级
姓名
学号
5-4-1
5-4-2
5-4-3
5-4-4
5-4-5
5-4-6

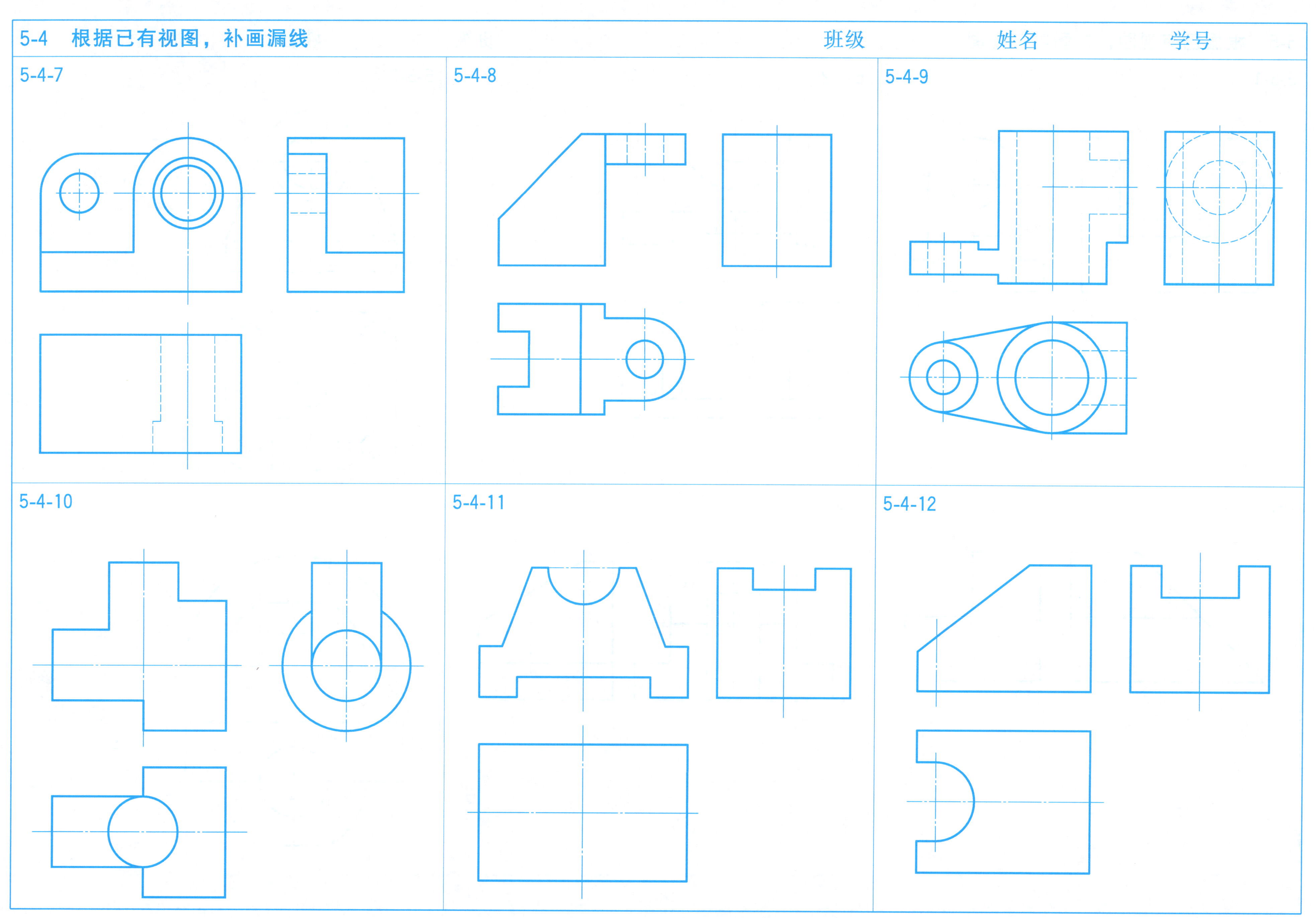
5-4 根据已有视图，补画漏线
班级
姓名
学号
5-4-7
5-4-8
5-4-9
5-4-10
5-4-11
5-4-12

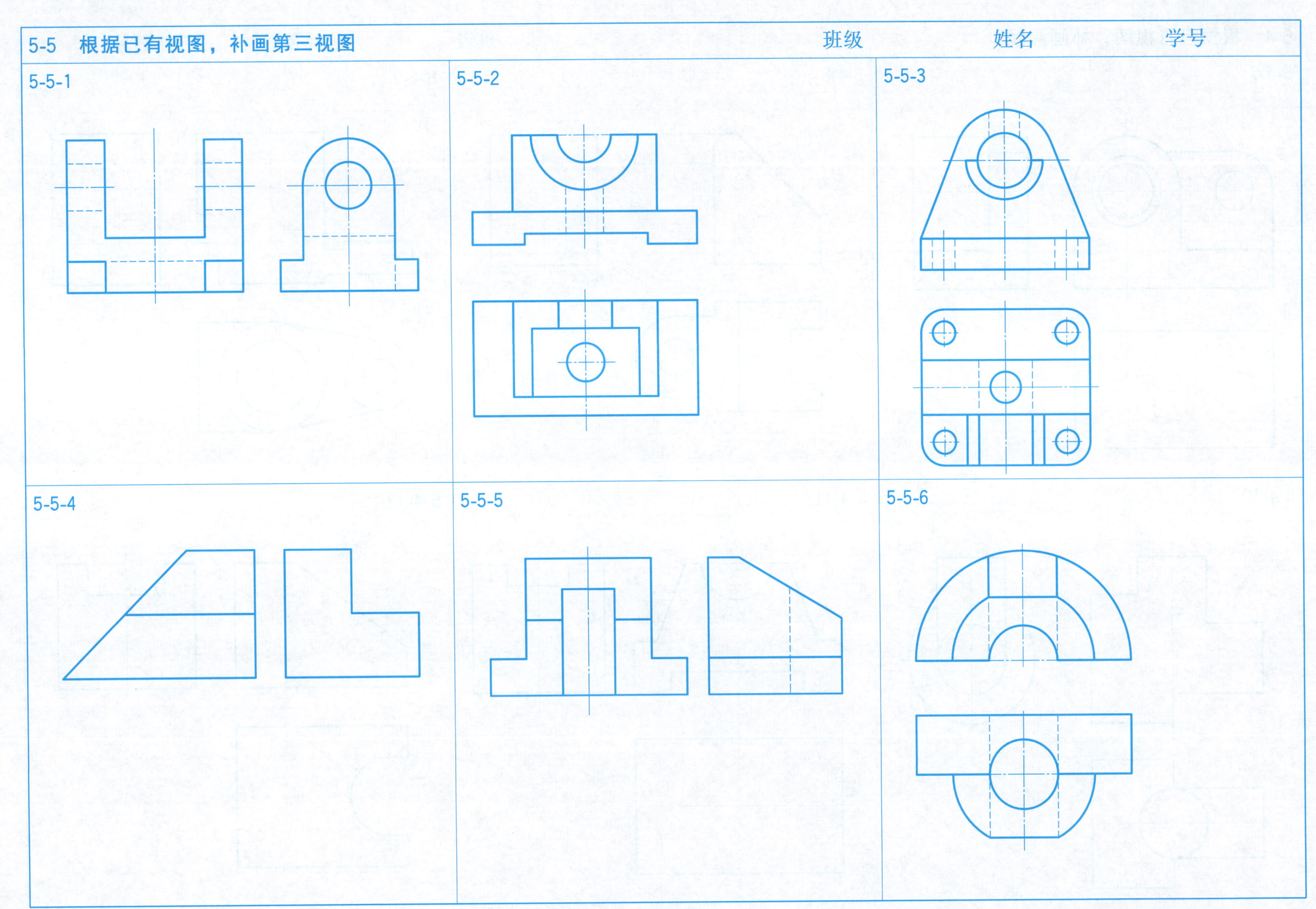
5-5 根据已有视图，补画第三视图
班级
姓名
学号
5-5-1
5-5-2
5-5-3
5-5-4
5-5-5
5-5-6

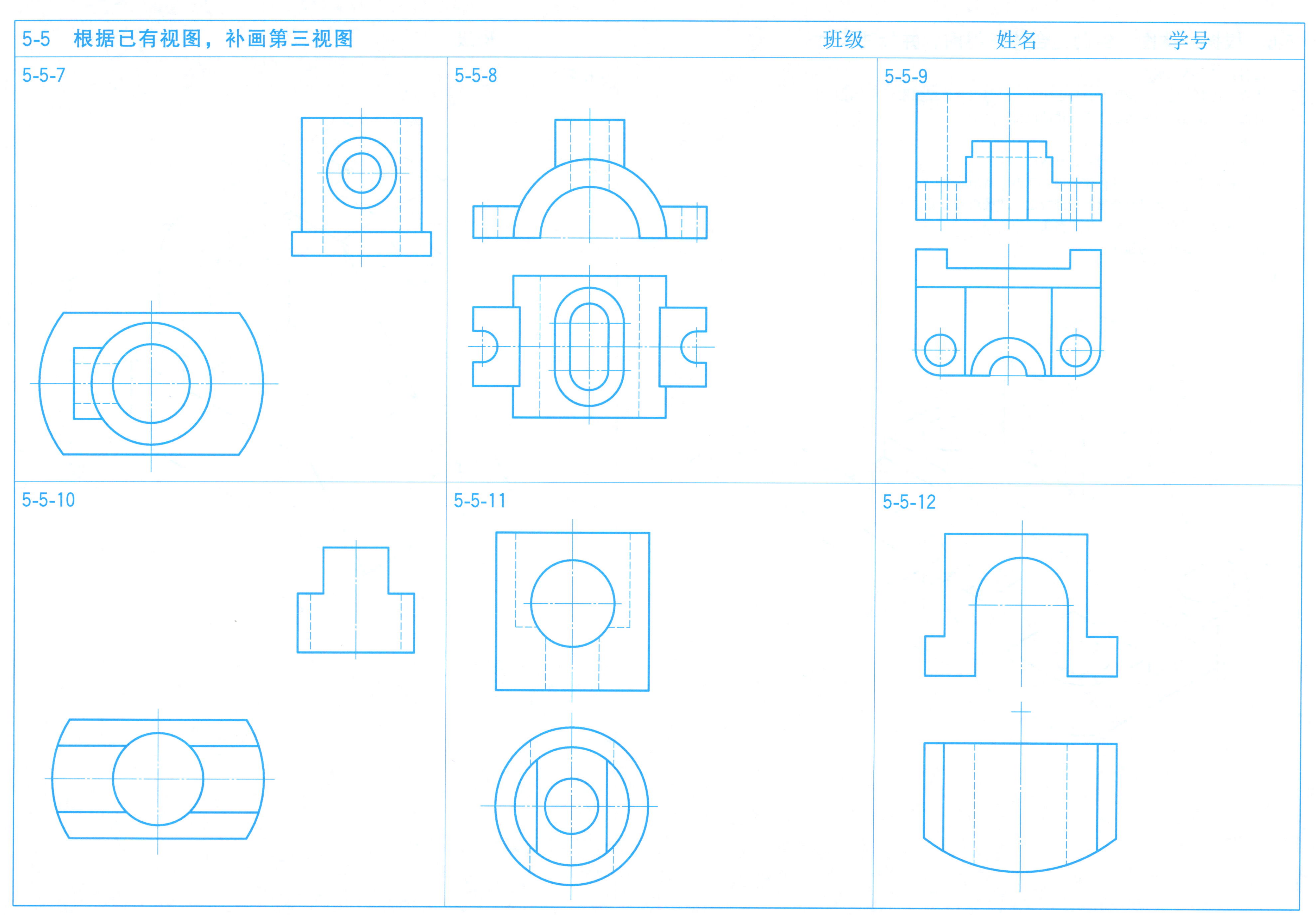
5-5 根据已有视图，补画第三视图
班级
姓名
学号
5-5-7
5-5-8
5-5-9
5-5-10
5-5-11
5-5-12

5-6 根据立体图，绘制组合体三视图，并标注尺寸

班级  姓名 学号 

图名：组合体三视图。

内容：任选一题，选择图幅、确定比例，绘制组合体三视图，并标注尺寸。

目的：培养运用三视图表达组合体的能力。

要求：

（1）布图匀称合理，图面清晰、整洁。

（2）视图绘制正确，尺寸标注正确、完整、清晰。

（3）线型均匀一致且符合国家标准规定，图线粗细分明。

（4）认真书写文字、尺寸数字，箭头大小一致。

注意：图中的孔均为通孔。

5-6-1

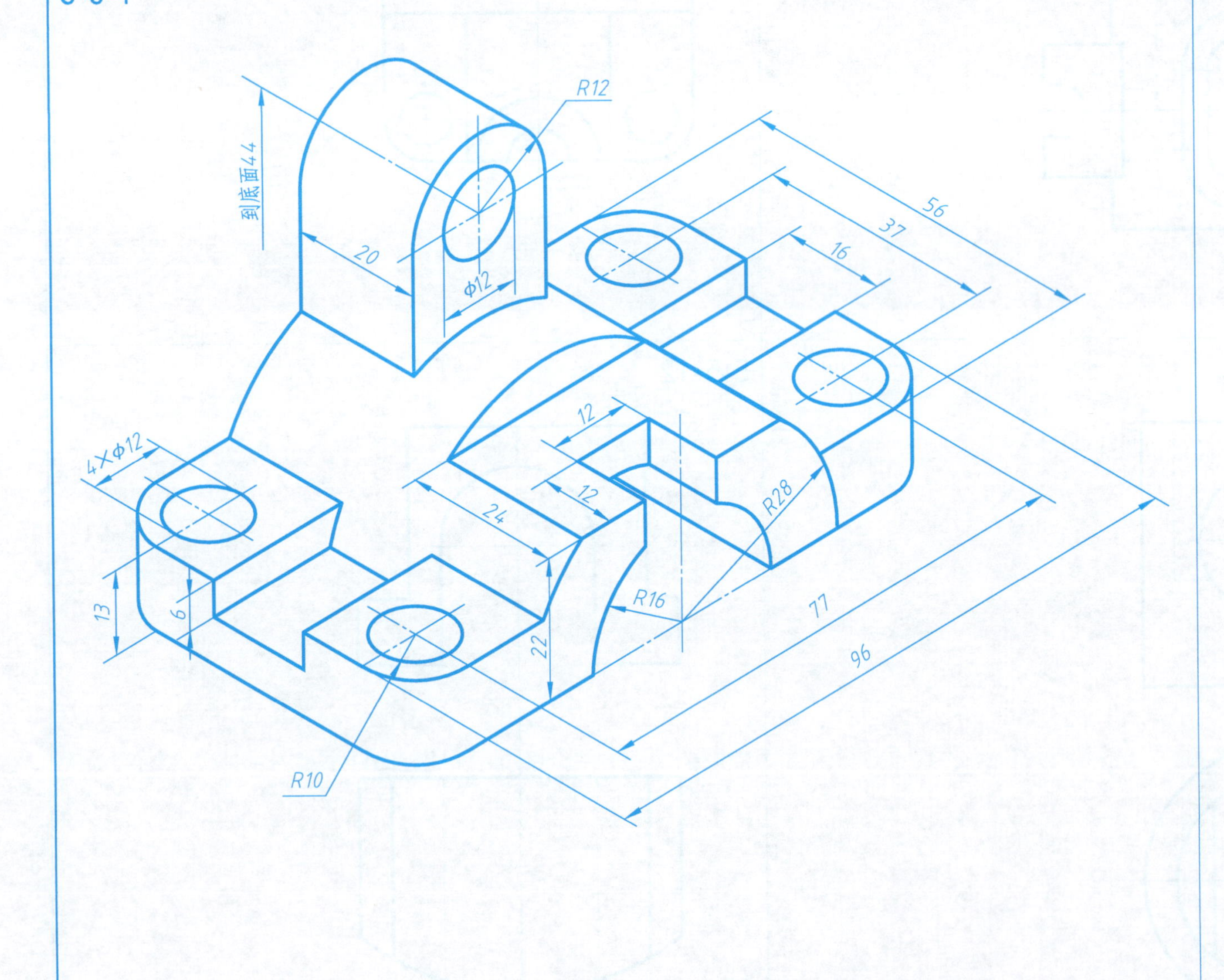

5-6-2

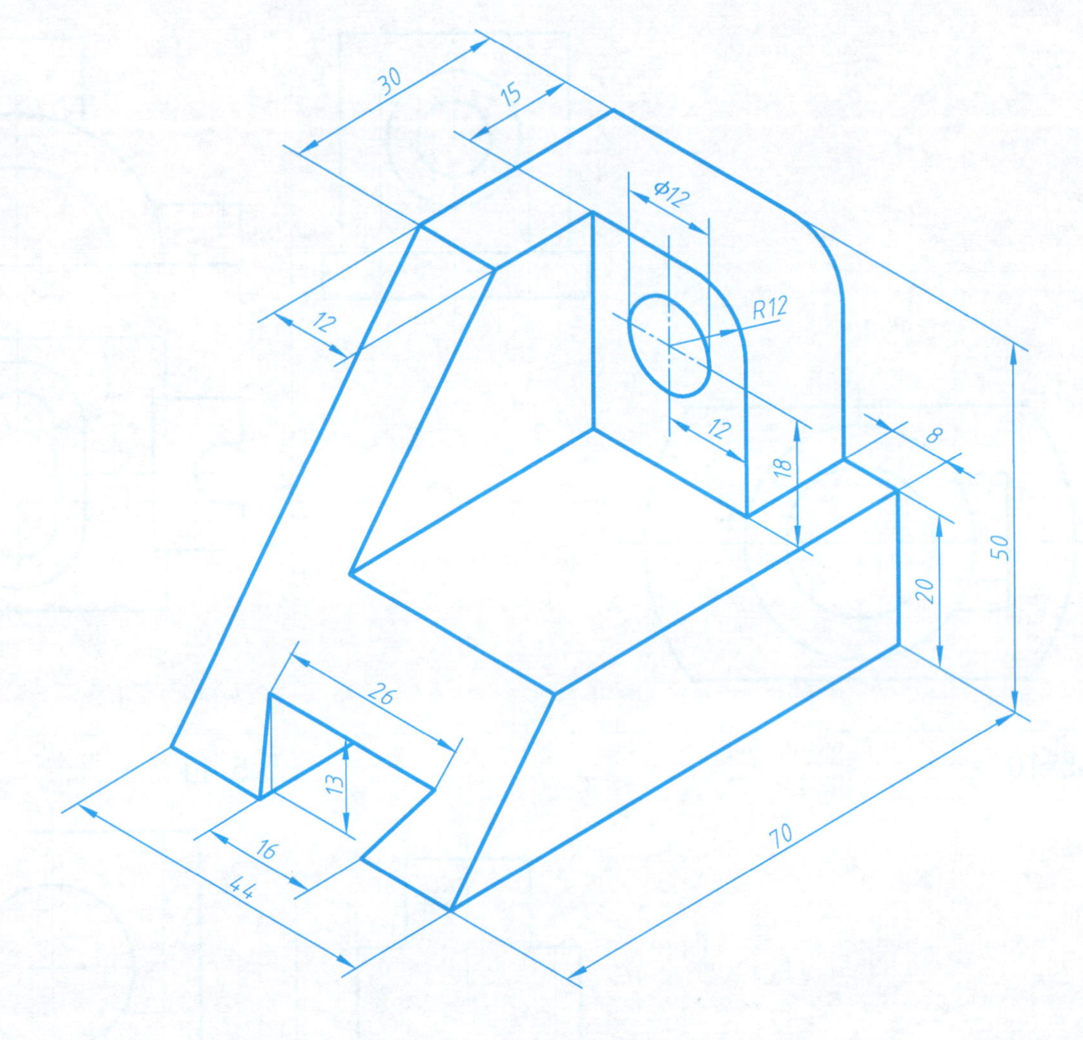

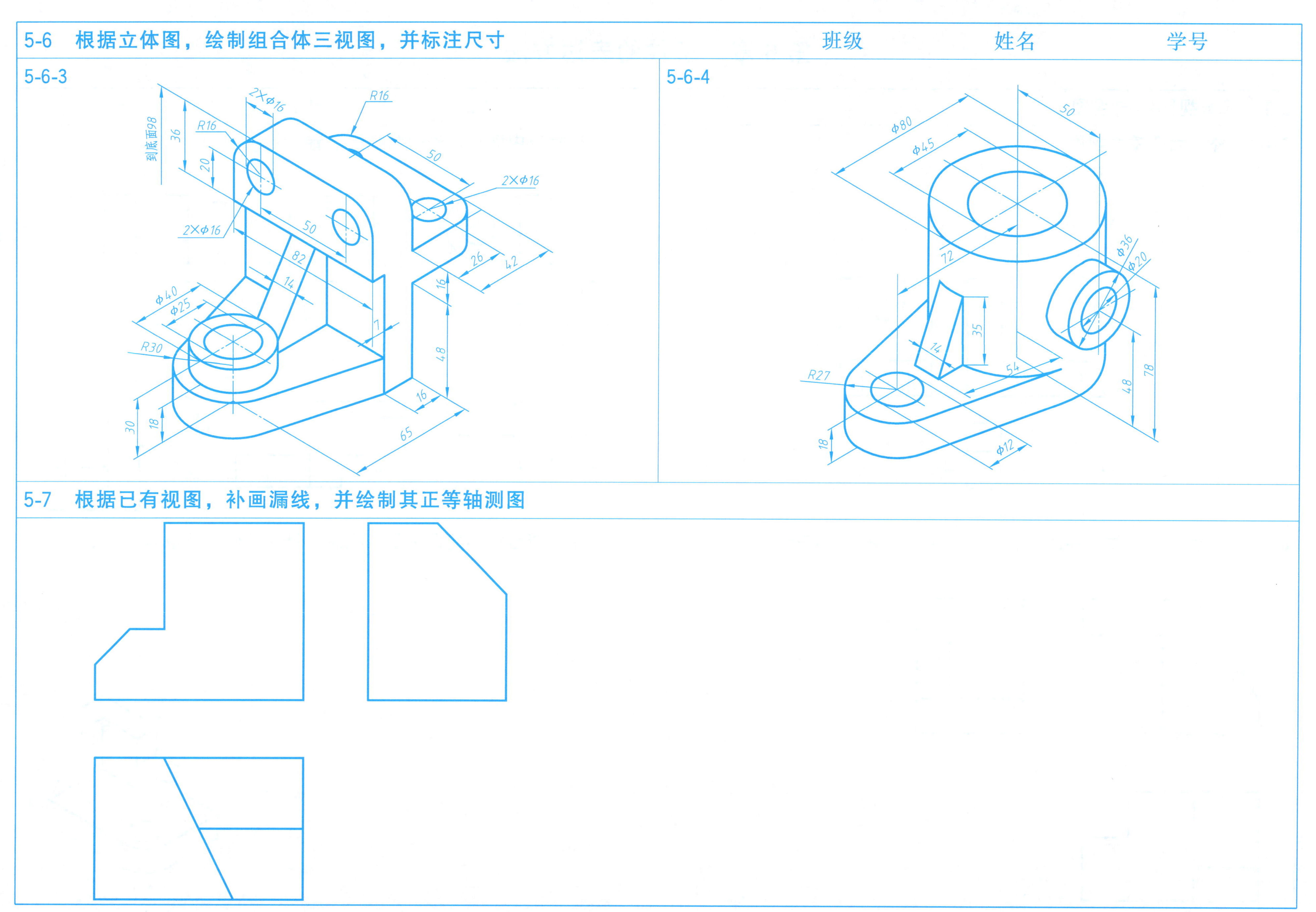
5-6 根据立体图，绘制组合体三视图，并标注尺寸
班级
姓名
学号
5-6-3
5-6-4
到底面98
36
20
R16
2×Φ16
R16
50
2×Φ16
2×Φ16
50
82
14
26
42
16
7
48
Φ40
Φ25
R30
16
65
30
18
Φ80
Φ45
50
72
Φ36
Φ20
35
14
54
R27
48
78
18
Φ12
5-7 根据已有视图，补画漏线，并绘制其正等轴测图

第 6 章　机件的表达方法

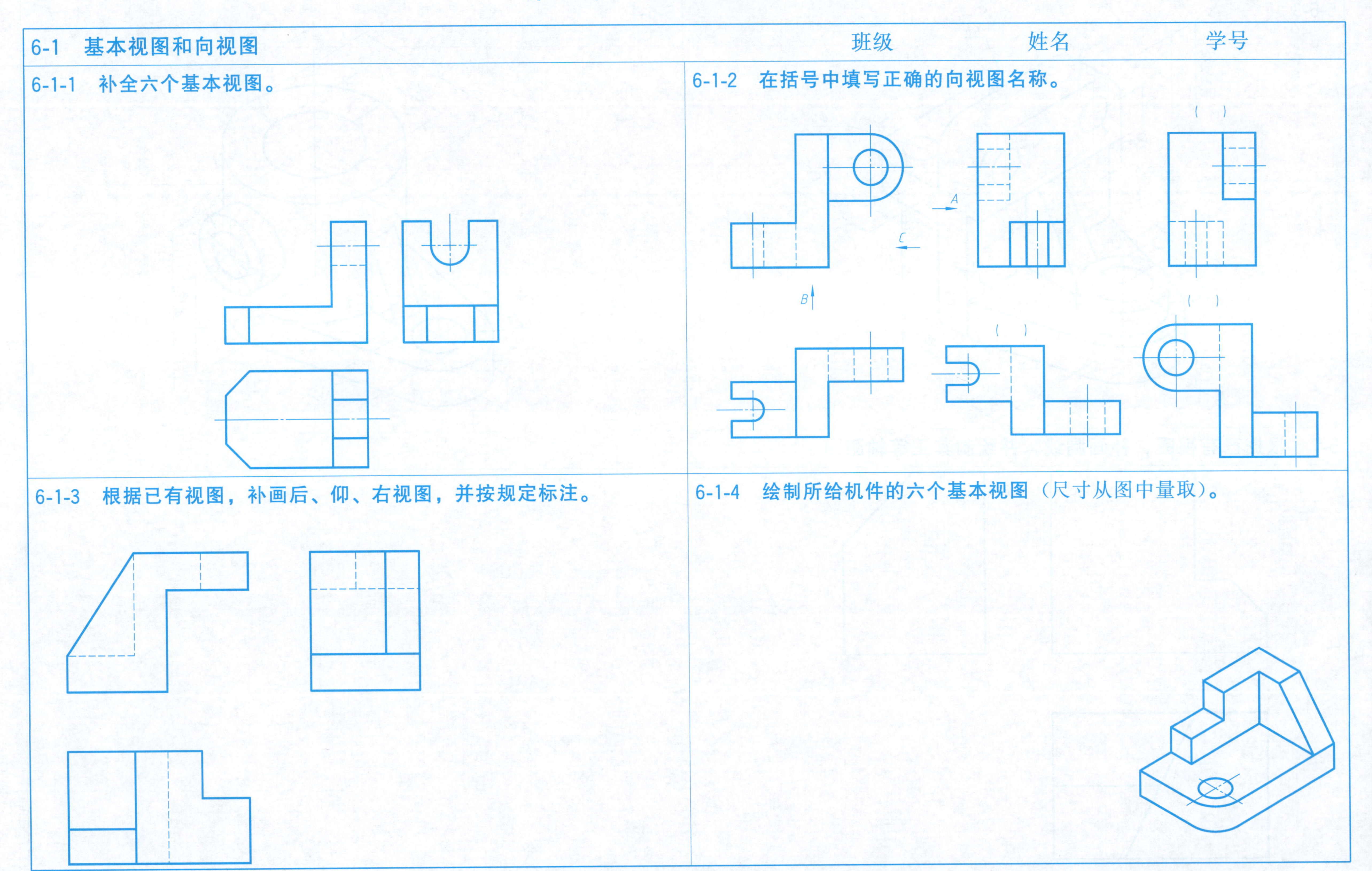
6-1　基本视图和向视图
班级
姓名
学号
6-1-1　补全六个基本视图。
6-1-2　在括号中填写正确的向视图名称。
A
C
B
(　)
(　)
(　)
6-1-3　根据已有视图，补画后、仰、右视图，并按规定标注。
6-1-4　绘制所给机件的六个基本视图（尺寸从图中量取）。

6-2　局部视图和斜视图　　　　班级　　　　姓名　　　　学号

6-2-1　选择正确的 A 向和 B 向局部视图（括号内画√）。

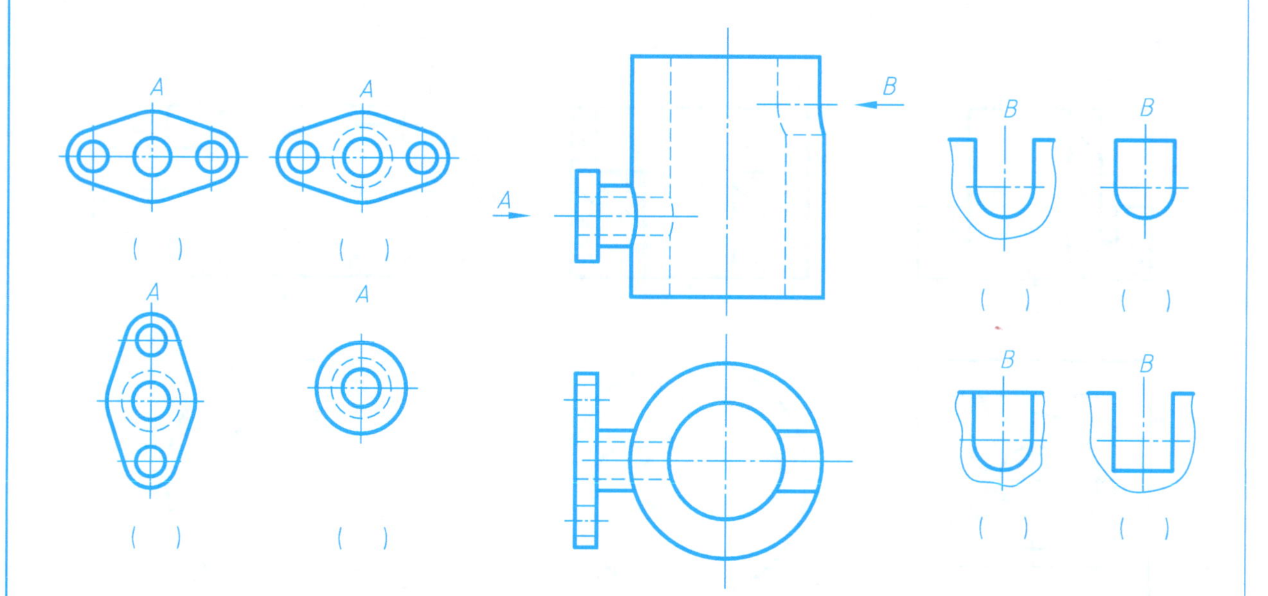

6-2-2　选择正确的 A 向斜视图（括号内画√，多选）。

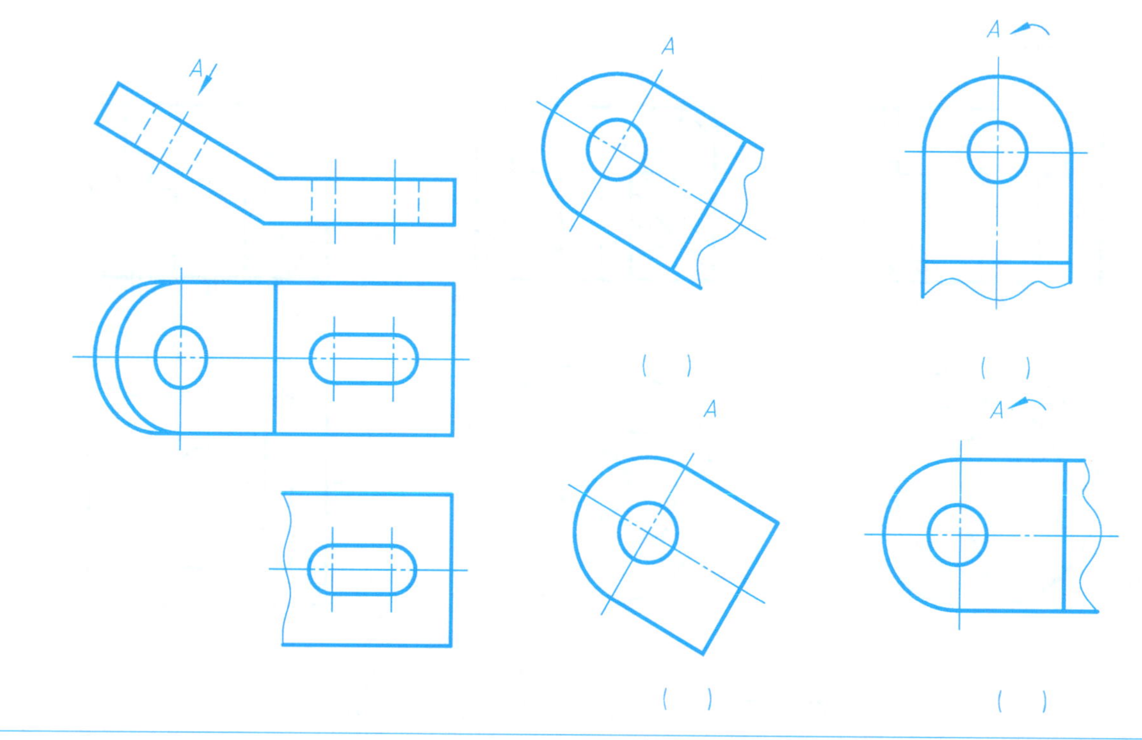

6-2-3　在指定位置画出 A 向斜视图和 B 向局部视图。

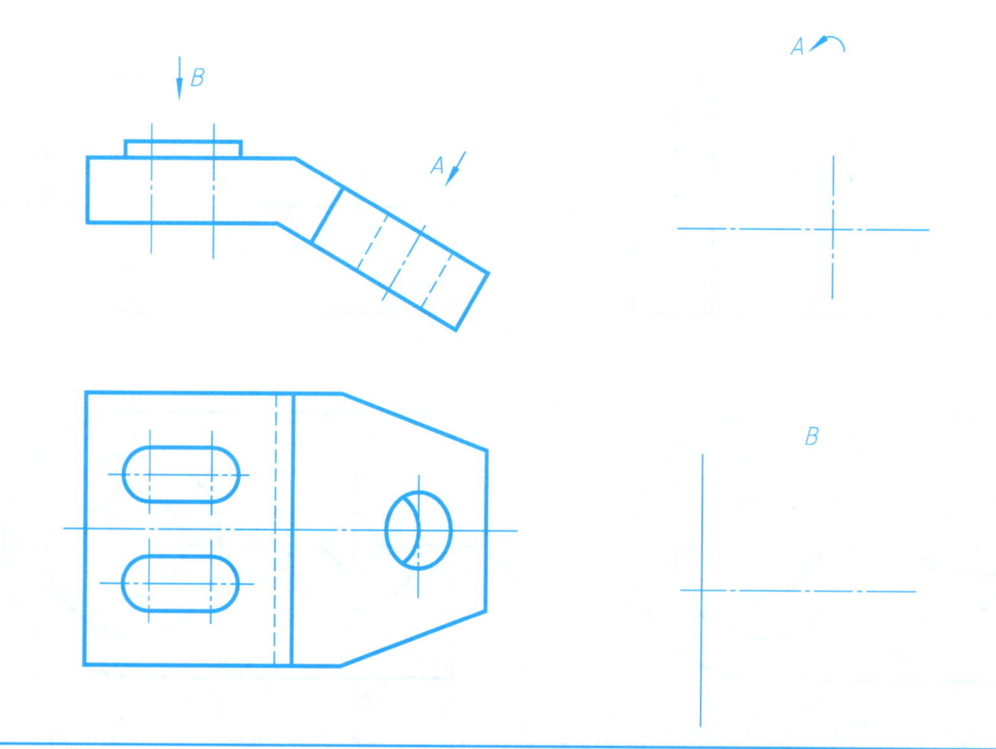

6-2-4　分别绘制 A 处的局部视图和 B 处的斜视图，并按规定标注。

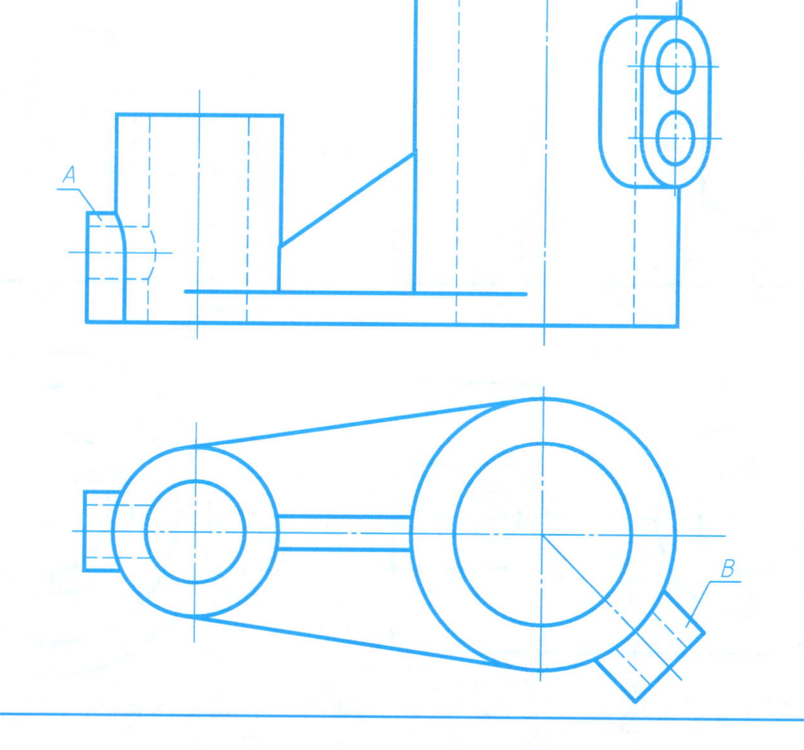

6-3 剖视图

班级　　姓名　　学号

6-3-1 补画剖视图中所缺的图线。

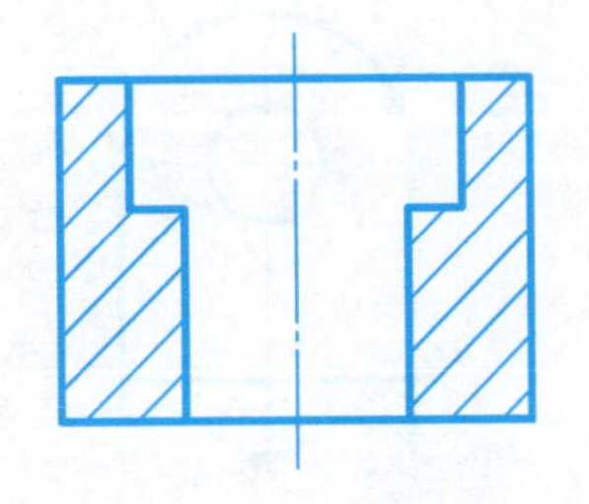
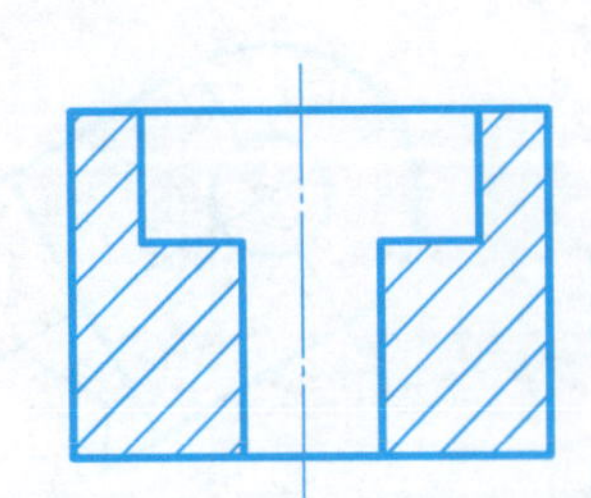
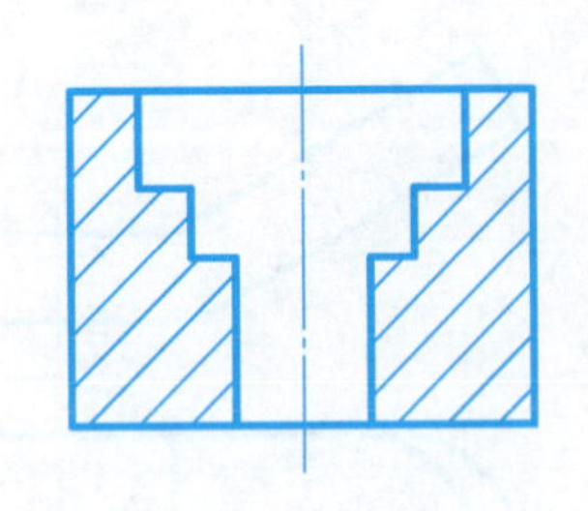
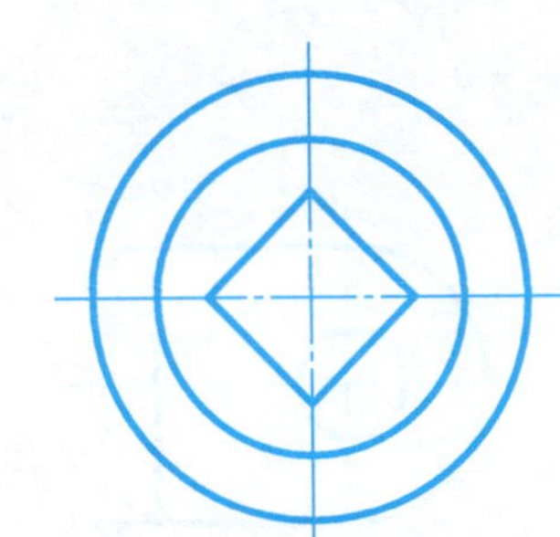
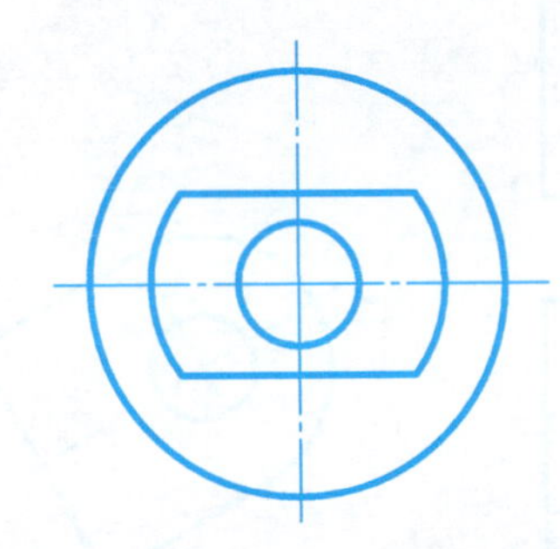
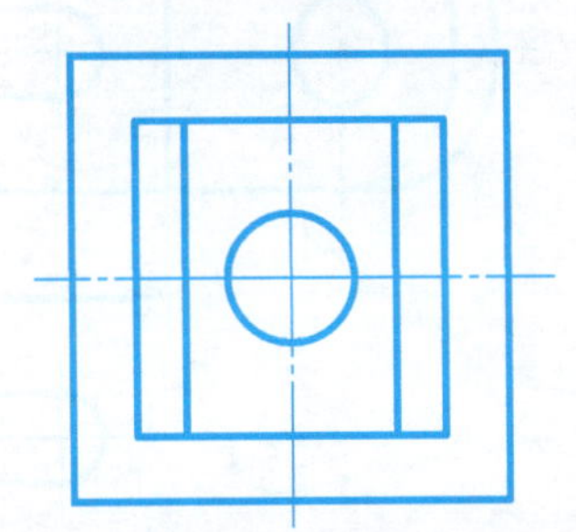

6-3-2 补画剖视图中所缺的线。

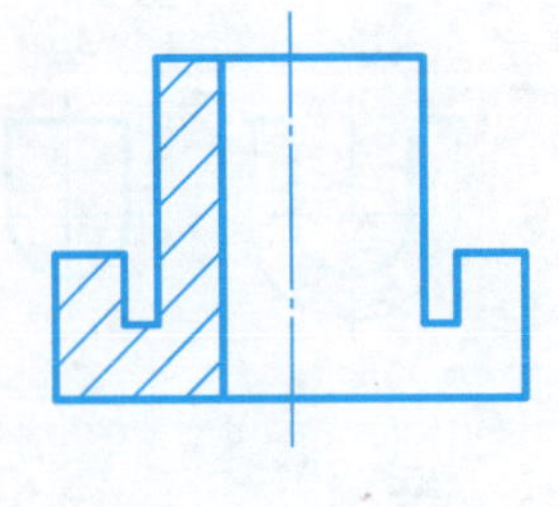
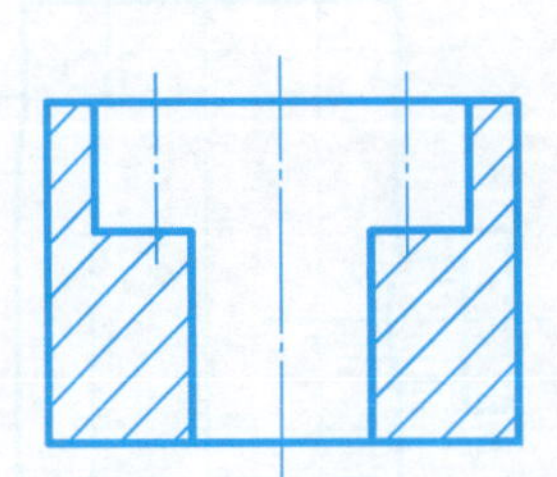
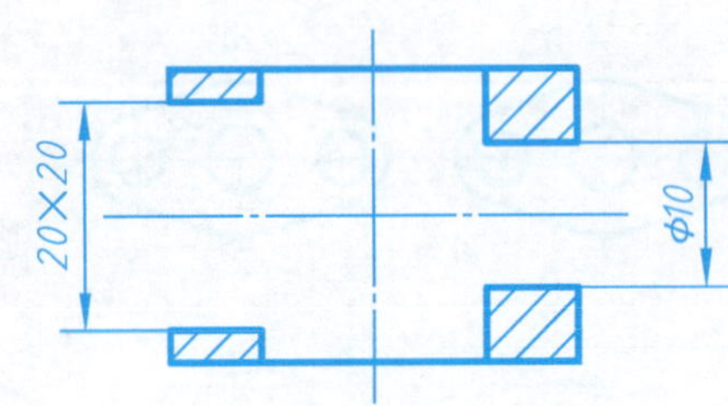

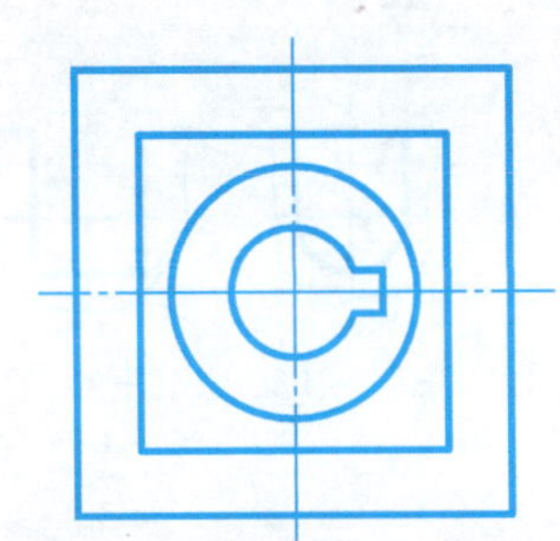
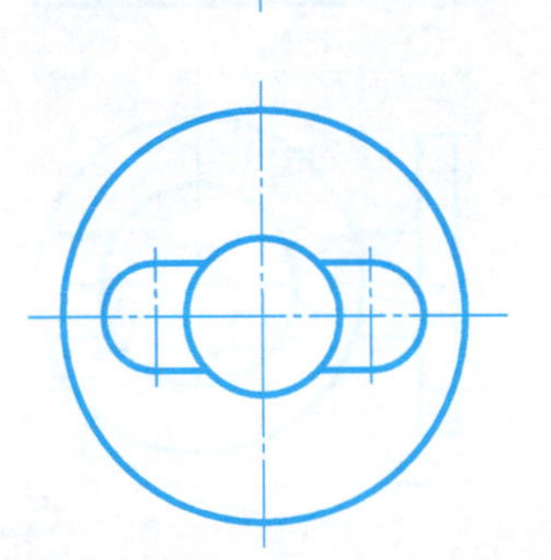
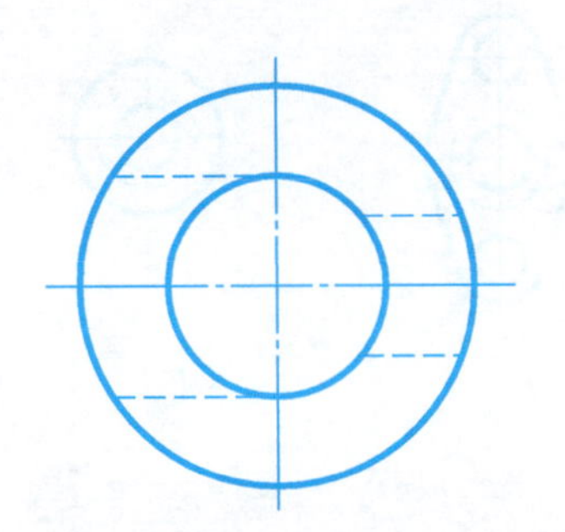

6-3-3 补画剖视图中所缺的图线，并完整标注剖切平面位置、投射方向及剖视图名称。

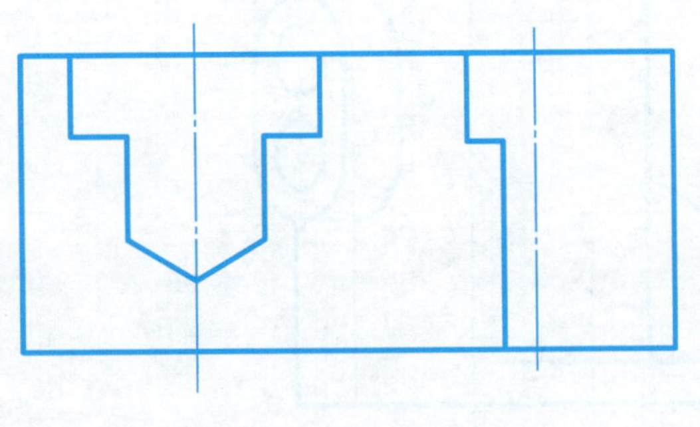
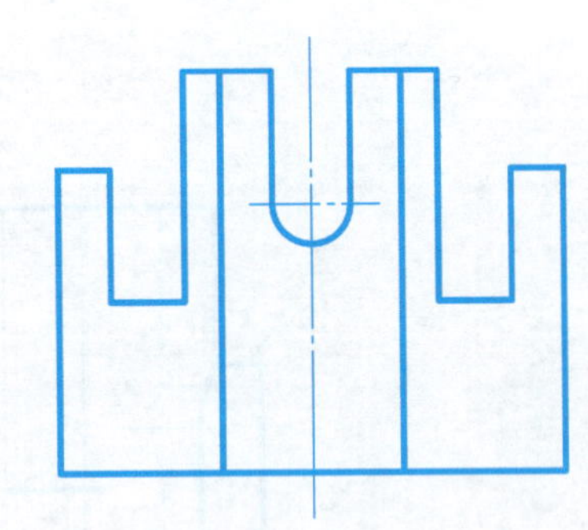
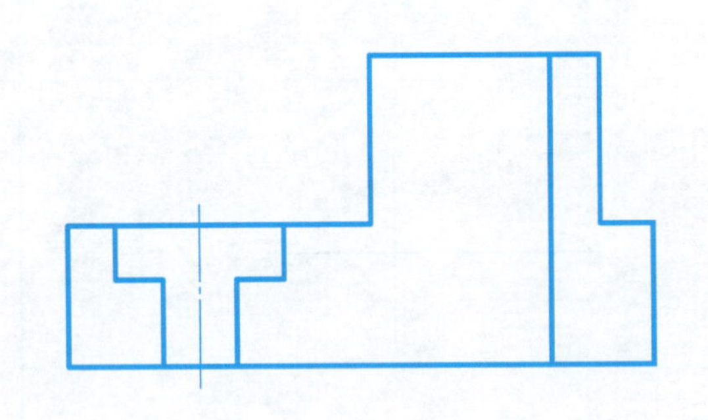
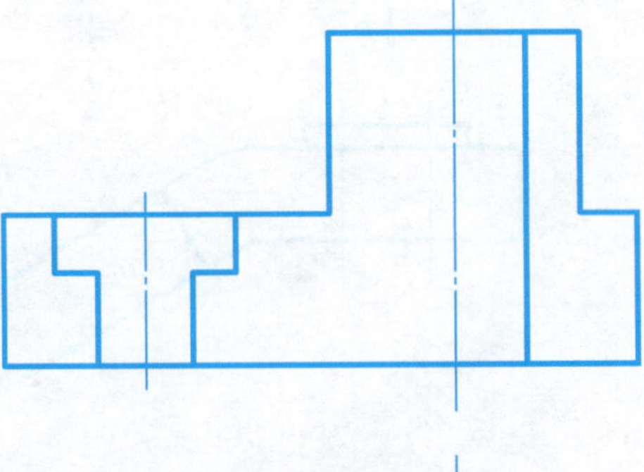
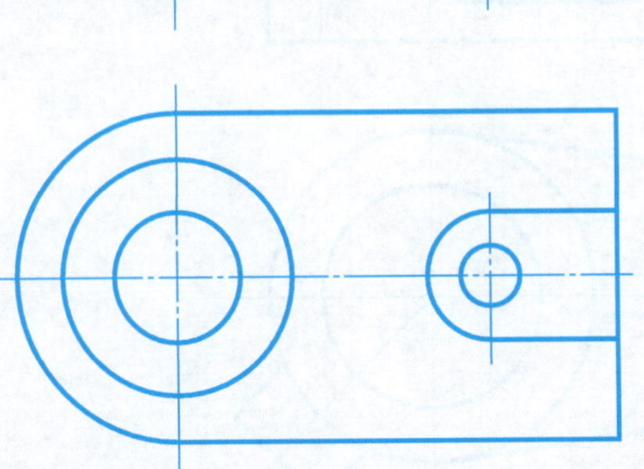
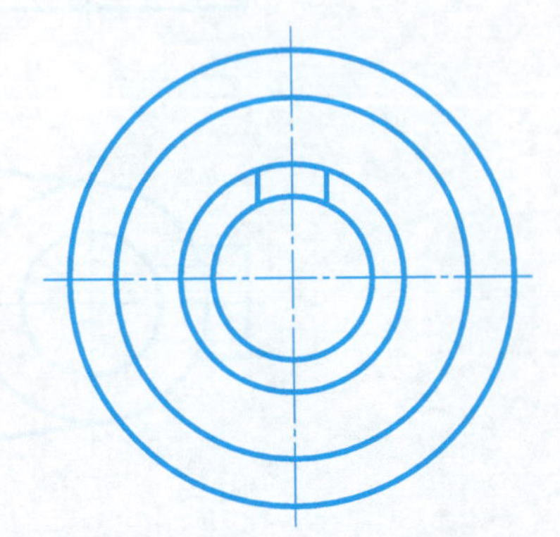
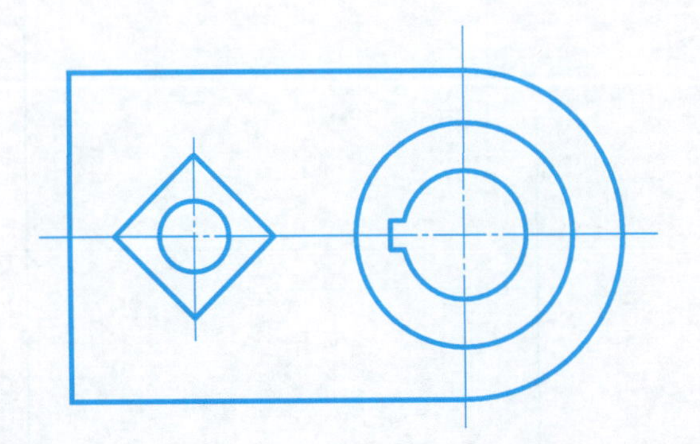
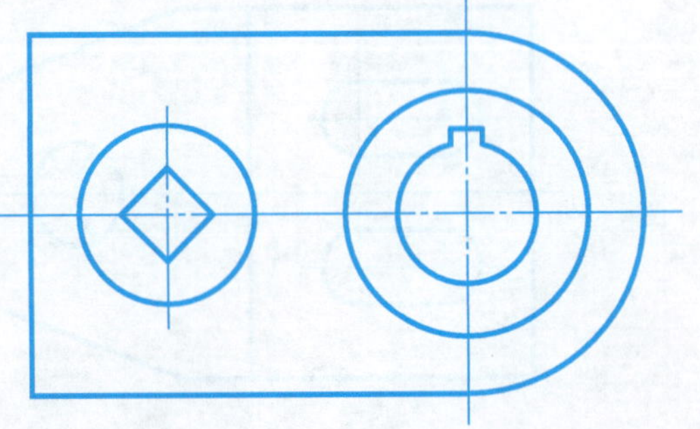

6-4 全剖视图

班级　　　　姓名　　　　学号

6-4-1 在指定位置将主视图改为全剖视图。

6-4-2 在指定位置将主视图改为全剖视图。

6-4-3 读懂主、俯视图，画出全剖的左视图。

6-4-4 读懂主、俯视图，画出全剖的左视图。

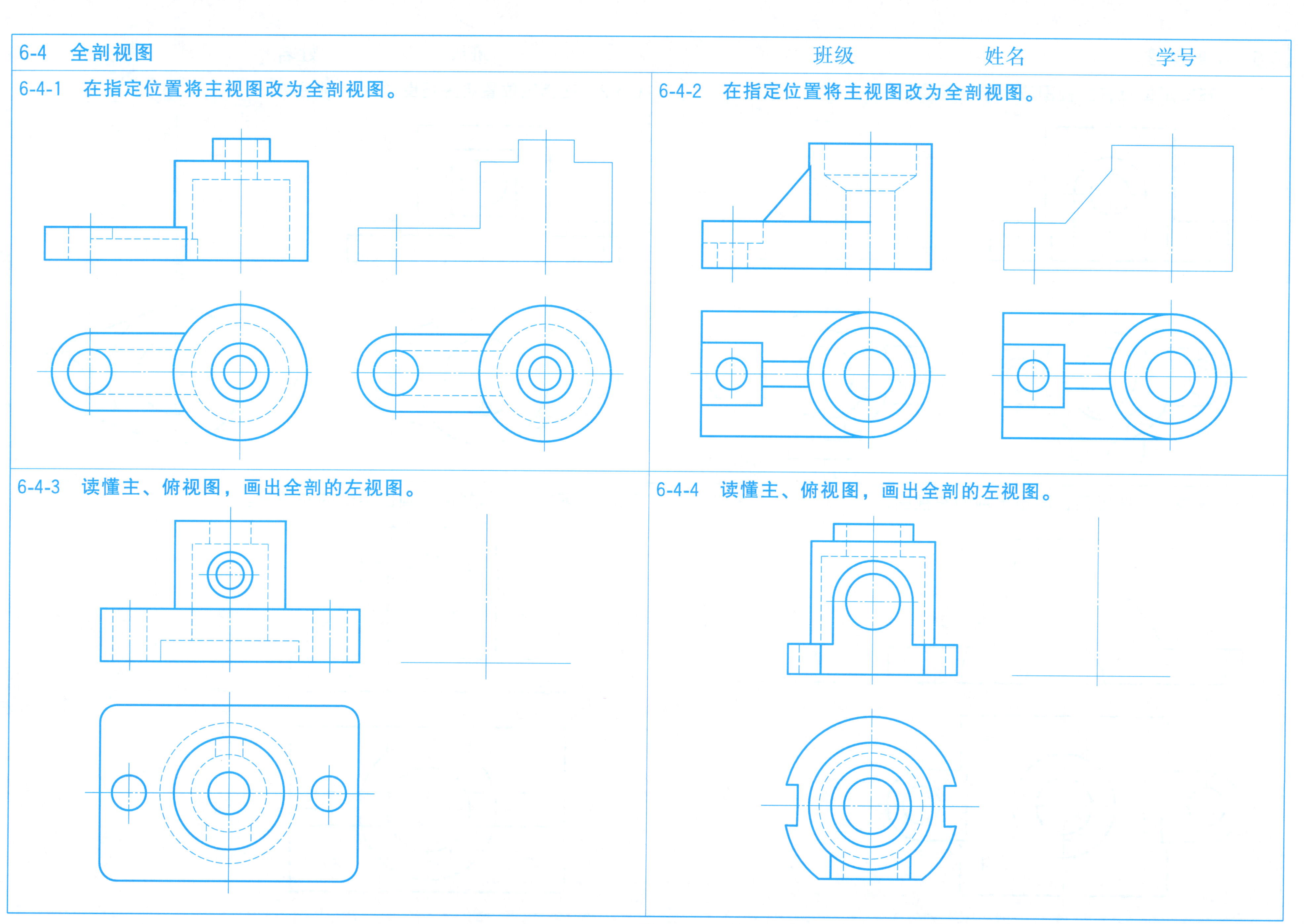

6-5 半剖视图

班级　　姓名　　学号

6-5-1 在指定位置将主视图改为半剖视图。

6-5-2 在指定位置将主视图改为半剖视图。

6-5-3 读懂主、俯视图，画出半剖的左视图。

6-5-4 读懂主、俯视图，画出半剖的左视图。

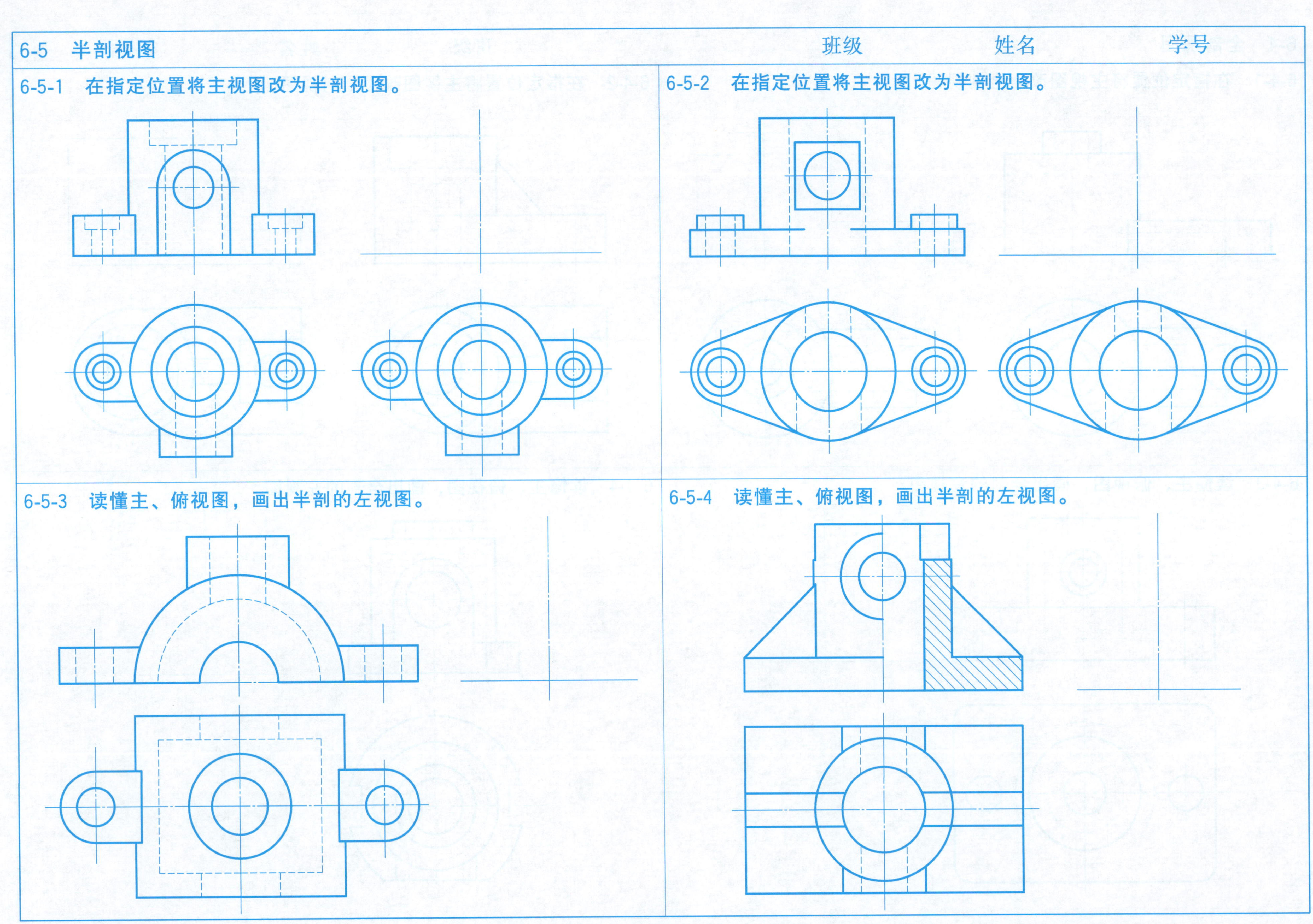

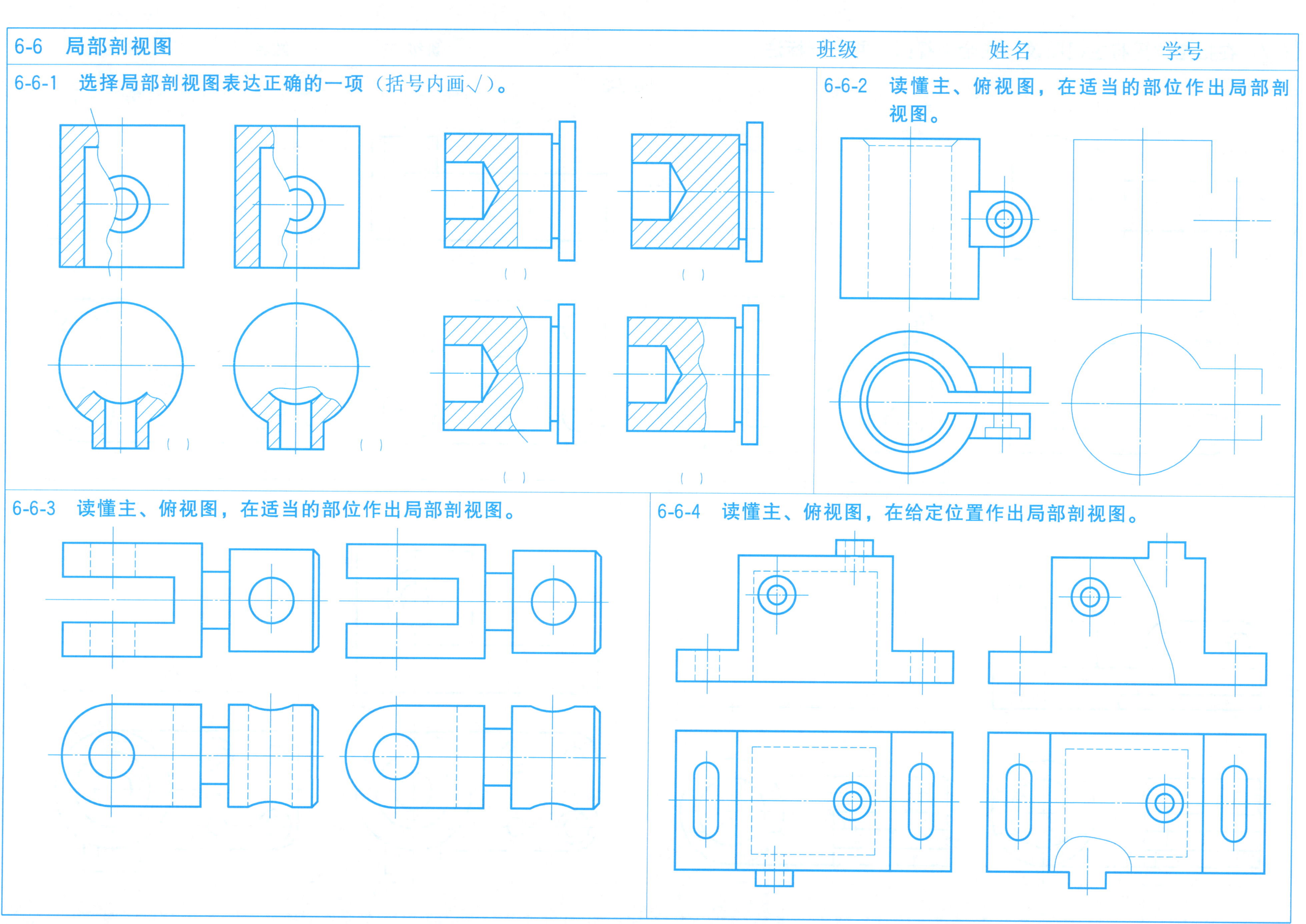
6-6 局部剖视图
班级
姓名
学号
6-6-1 选择局部剖视图表达正确的一项（括号内画√）。
6-6-2 读懂主、俯视图，在适当的部位作出局部剖视图。
6-6-3 读懂主、俯视图，在适当的部位作出局部剖视图。
6-6-4 读懂主、俯视图，在给定位置作出局部剖视图。

6-7 在指定位置将主视图改画成全剖视图，并进行标注

班级　　　　姓名　　　　学号

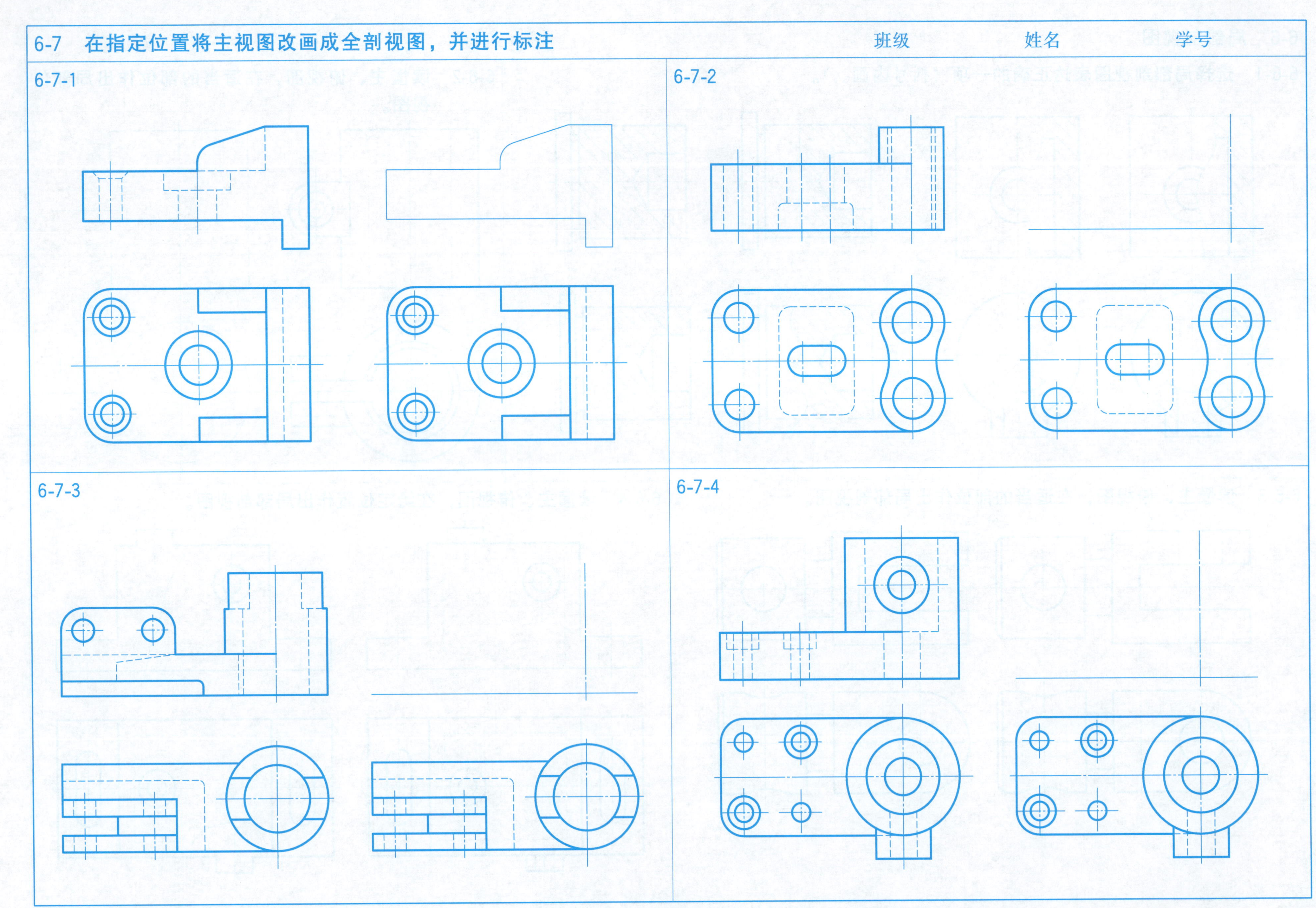

6-7　在指定位置将主视图改画成全剖视图，并进行标注　　班级　　姓名　　学号

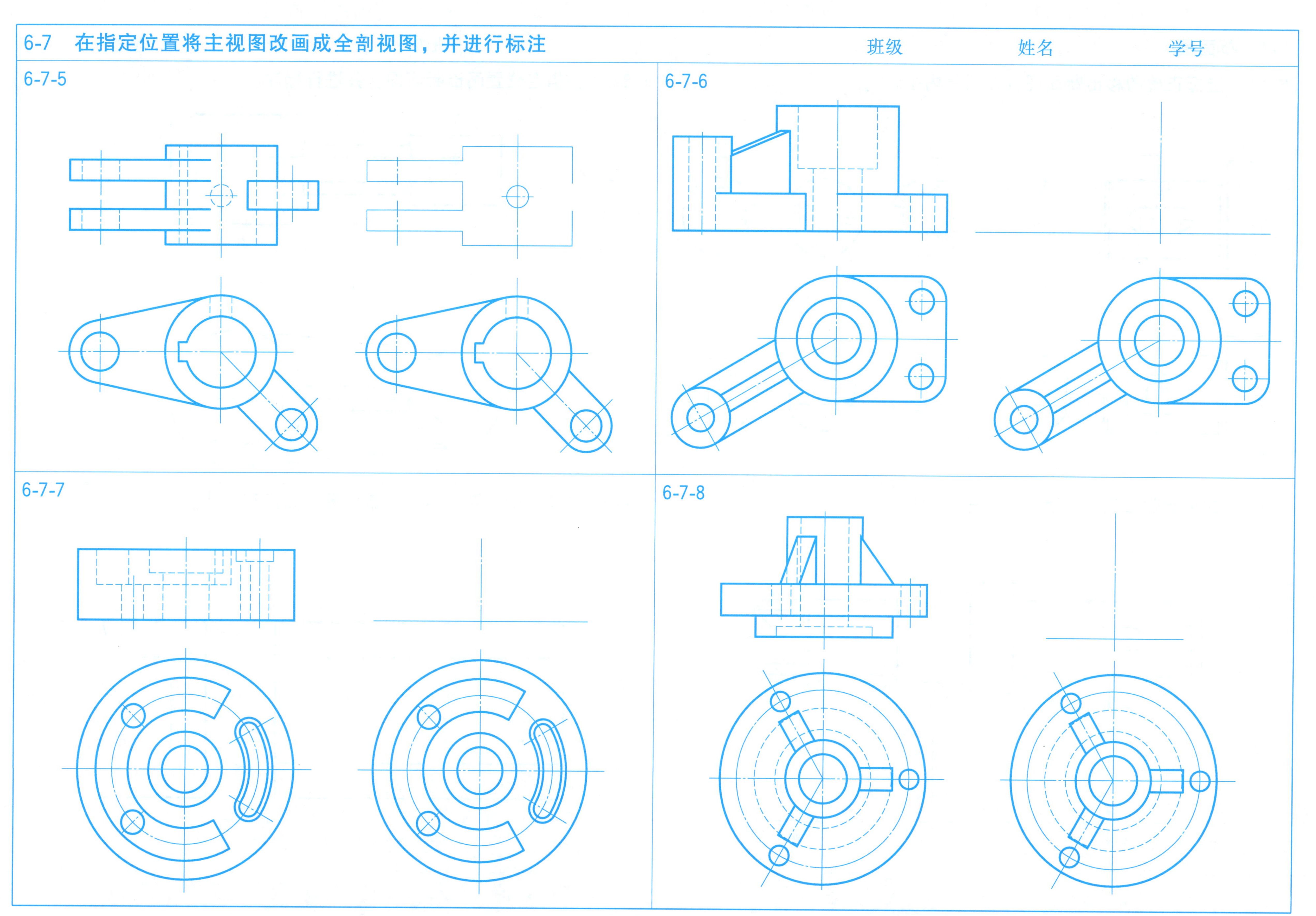

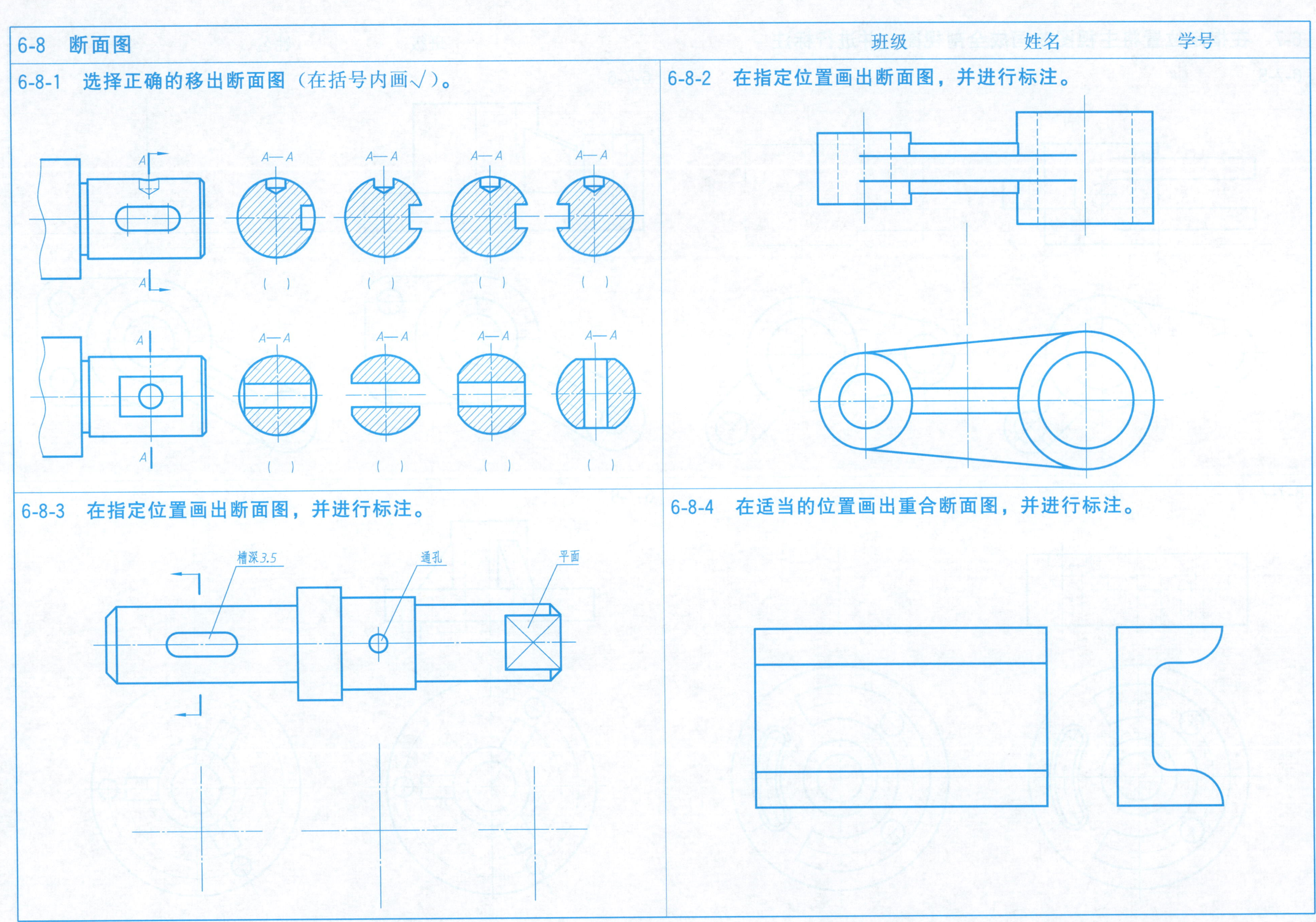
6-8 断面图
班级
姓名
学号
6-8-1 选择正确的移出断面图（在括号内画√）。
A
A
A—A
A—A
A—A
A—A
（ ）
（ ）
（ ）
（ ）
A
A
A—A
A—A
A—A
A—A
（ ）
（ ）
（ ）
（ ）
6-8-2 在指定位置画出断面图，并进行标注。
6-8-3 在指定位置画出断面图，并进行标注。
槽深3.5
通孔
平面
6-8-4 在适当的位置画出重合断面图，并进行标注。

6-9　机件的综合表达

班级　　　　　　姓名　　　　　　学号

根据机件的立体图，选择合适的表达方案绘制图样，并标注尺寸。

目的：

（1）培养综合运用各种表达方法表达机件的能力。

（2）掌握合理选用不同的剖视图表达机件的内、外结构形状。

（3）掌握国家标准规定的简化画法。

要求：

（1）图幅：A3 图纸；比例自定；合理布置视图。

（2）完整、清晰地表达机件的内、外结构形状。

（3）标注尺寸完整、清晰，符合国家标准规定。

6-9-1

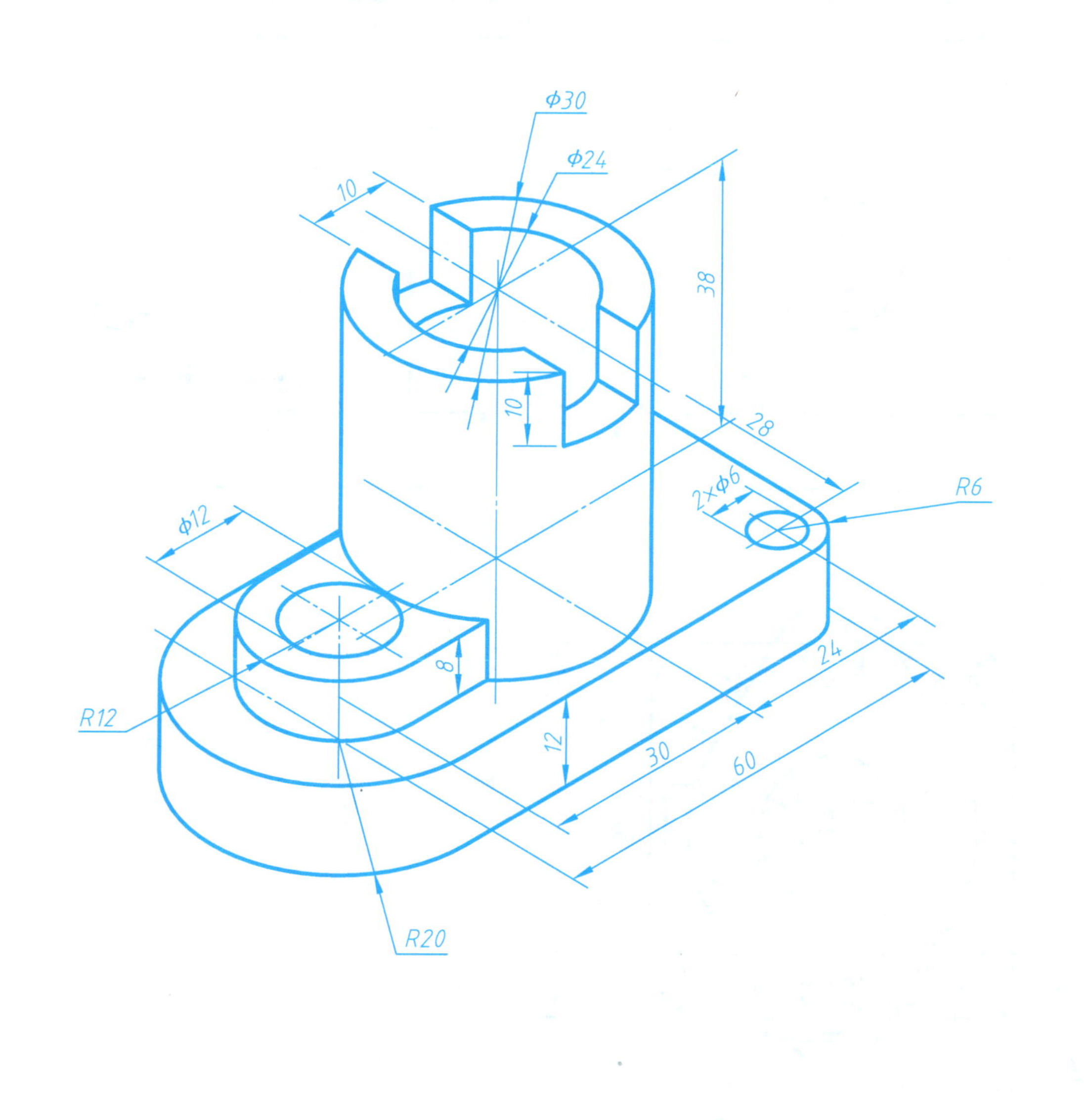

6-9-2

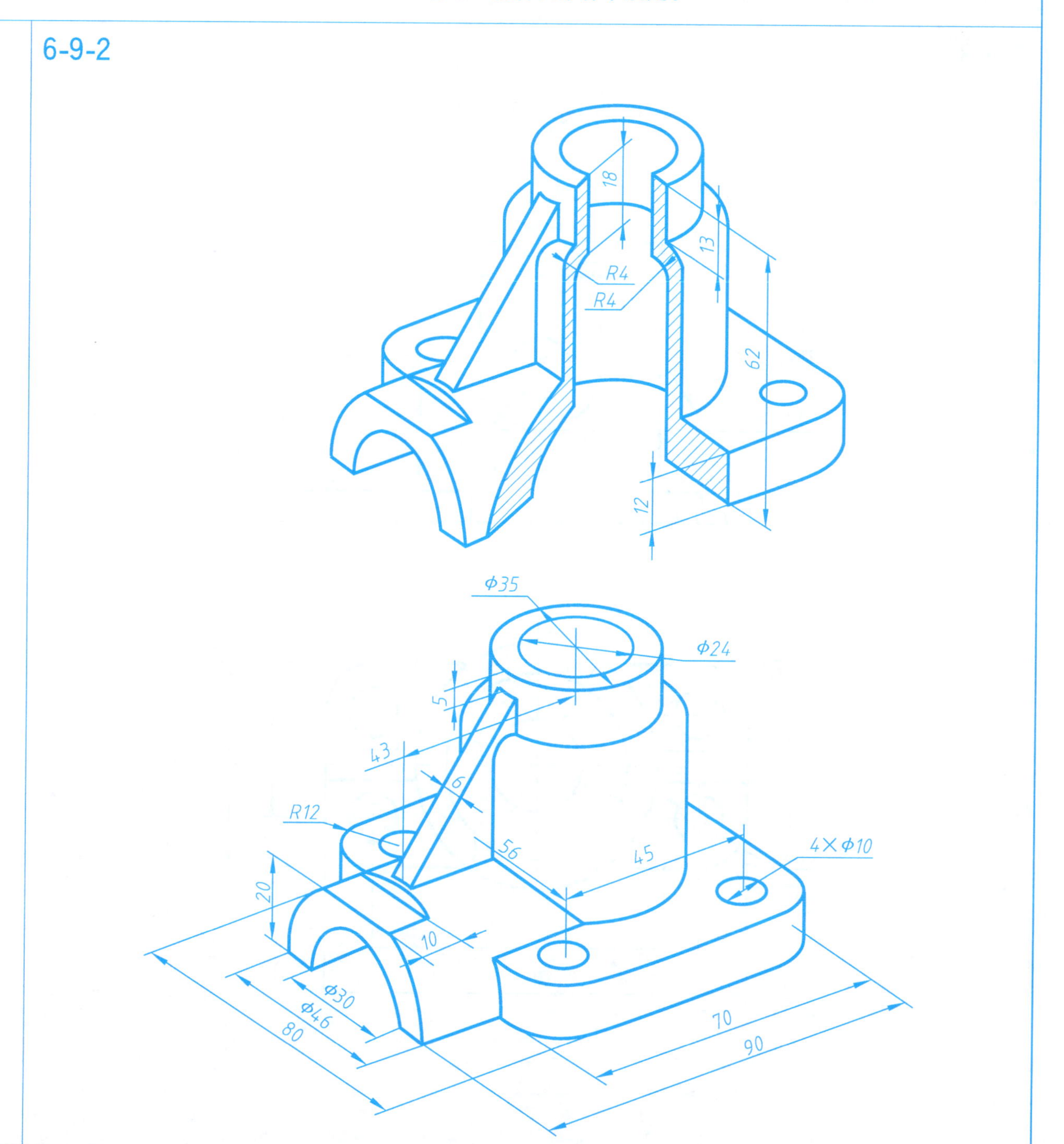

6-9 机件的综合表达

班级　　　　姓名　　　　学号

内容：根据所给机件的视图，选择合适的表达方案绘制图样，并标注尺寸。

目的：

（1）培养综合运用各种表达方法表达机件的能力。

（2）掌握合理选用不同的剖视图表达机件的内、外结构形状。

（3）掌握国家标准规定的简化画法。

要求：

（1）图幅：A3 图纸；比例自定；合理布置视图。

（2）完整、清晰地表达机件的内、外结构形状。

（3）标注尺寸完整、清晰，符合国家标准规定。

6-9-3

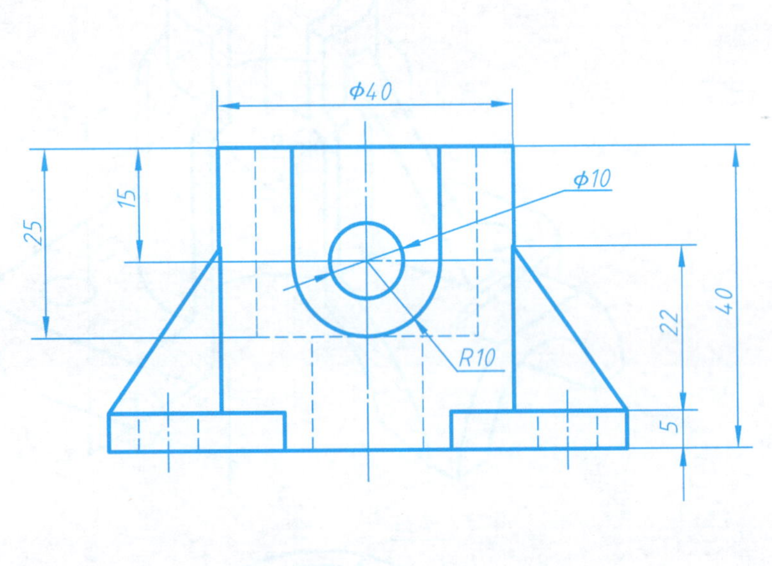

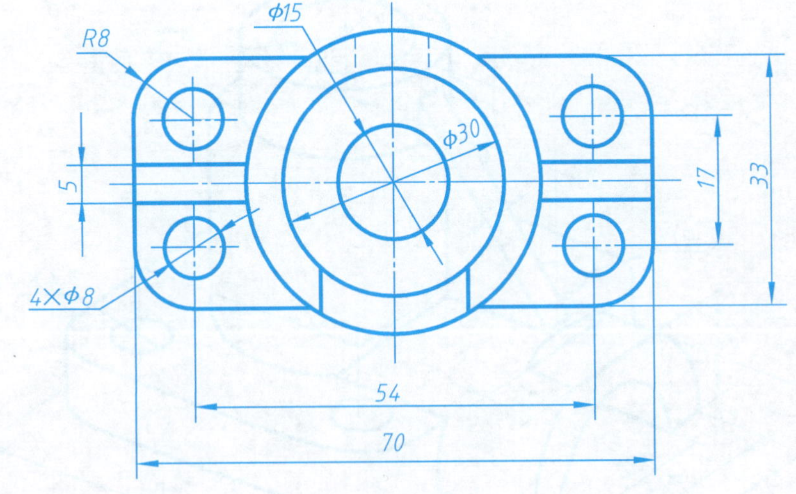

6-9-4

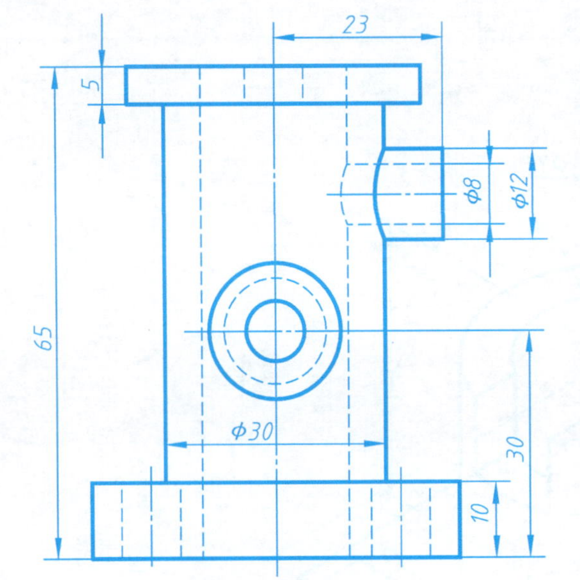

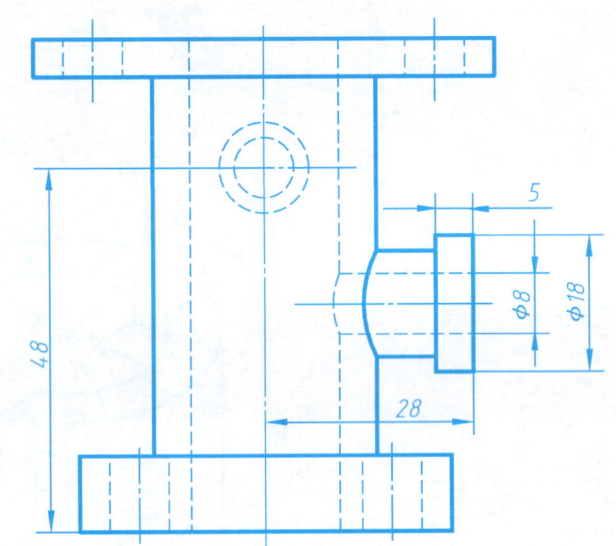

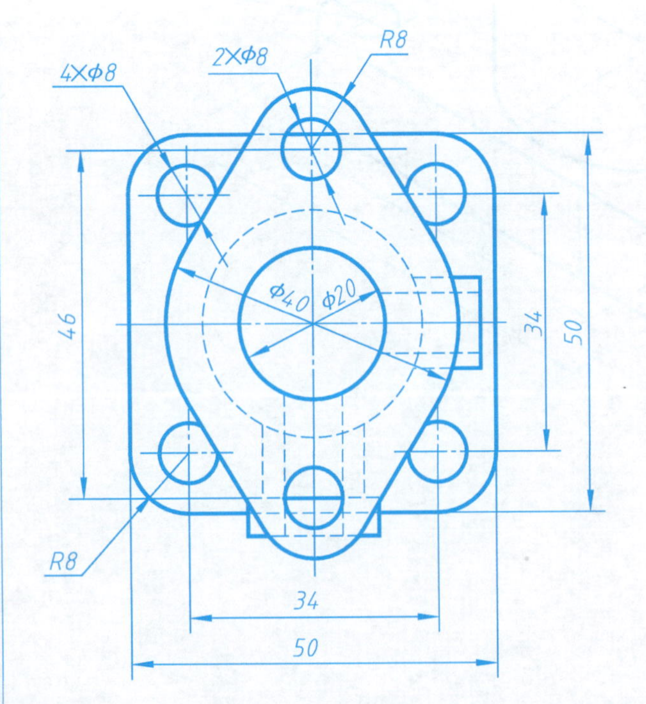

第 7 章　标准件和常用件

7-1　检查螺纹画法中的错误，按正确画法画在下面

班级　　　　姓名　　　　学号

7-1-1

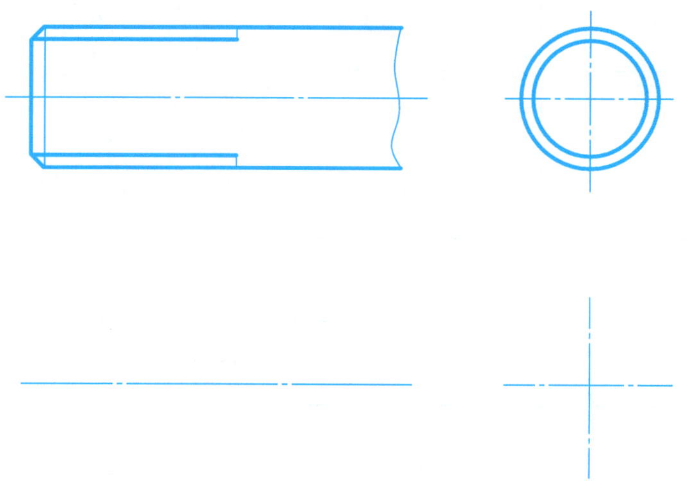

7-1-2

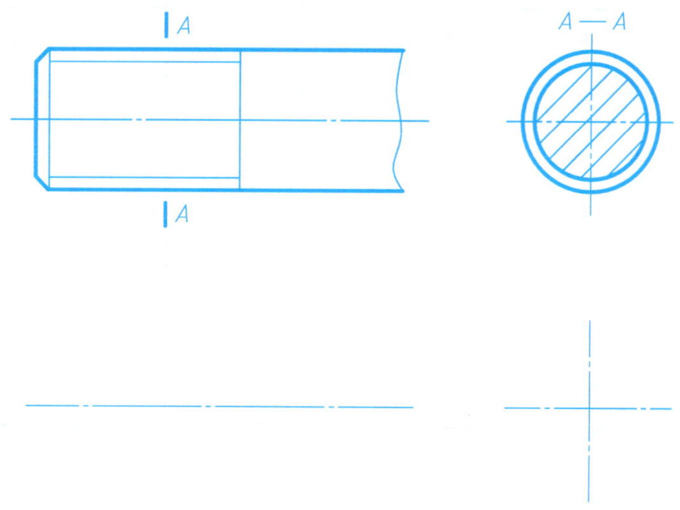

A　A　A—A

7-1-3

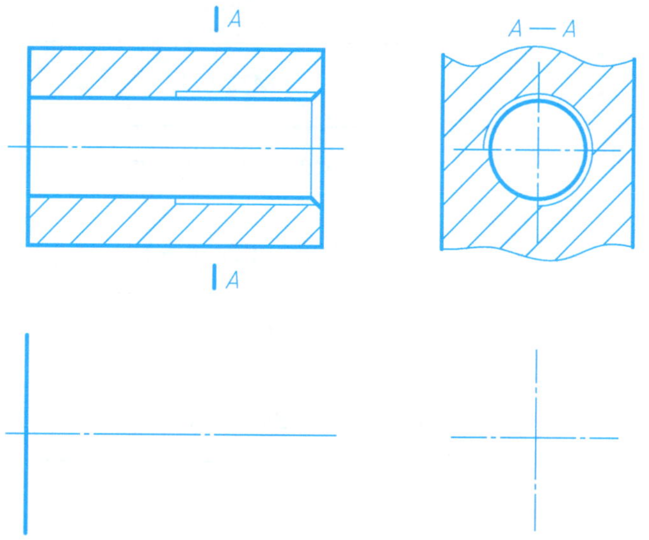

A　A　A—A

7-1-4

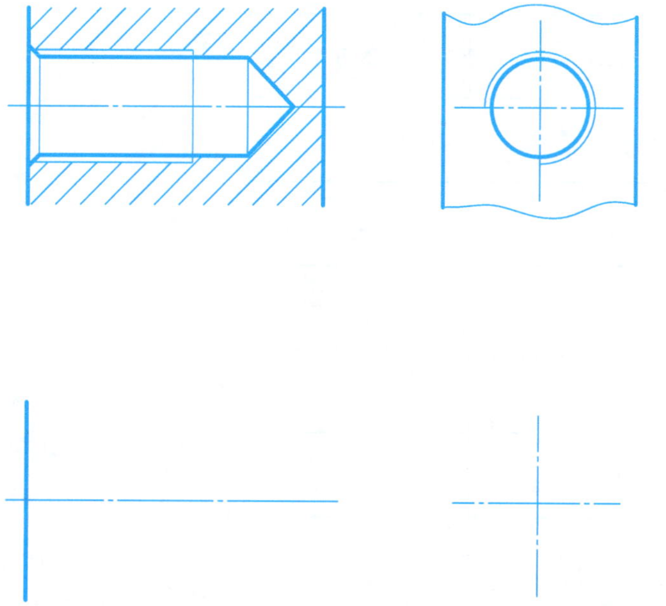

7-1-5

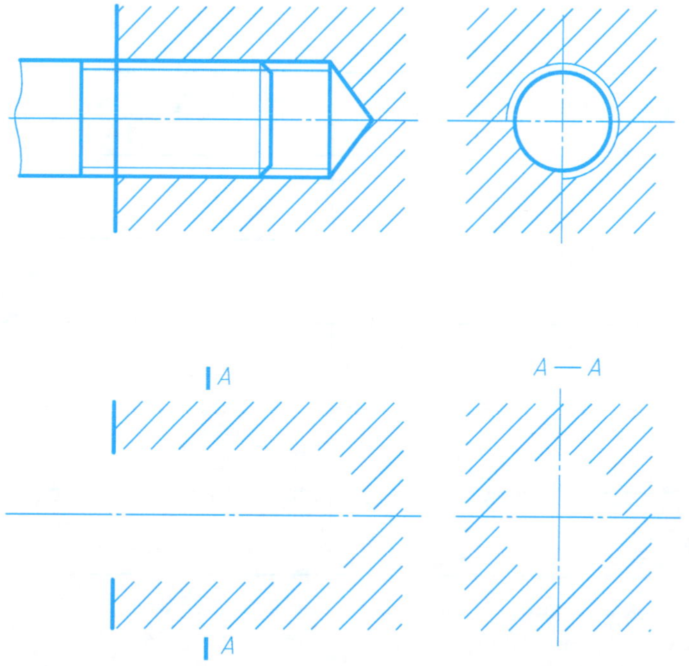

A　A　A—A

7-1-6

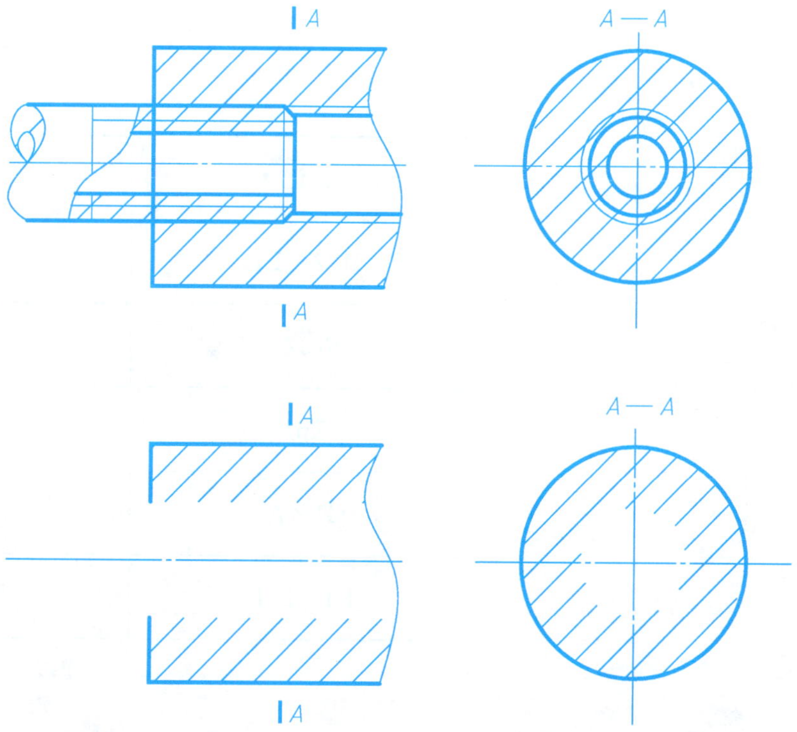

A　A　A—A

A　A　A—A

7-2 说明螺纹标记的意义，逐项填入表内

班级　　姓名　　学号

7-2-1

标记	螺纹种类	公称直径	导程	螺距	线数	公差带代号	旋向	旋合长度
M10-6H								
M20×Ph3P1.5-6g								
M20×2-5g6g-S-LH								
Tr40×14(P7)LH-8e-L								
B32×6-7H								

7-2-2

标记	螺纹种类	尺寸代号	螺纹大径	螺纹小径	旋向
G1/2A-LH					
Rc3/4					
Rp1					
G1¼A					
R1¼LH					

7-3　在下列各图中标注螺纹的规定标记

班级　　　　姓名　　　　学号

7-3-1　细牙普通螺纹，公称直径为 16mm，螺距为 1.5mm，右旋，中径和顶径的公差带为 6e。

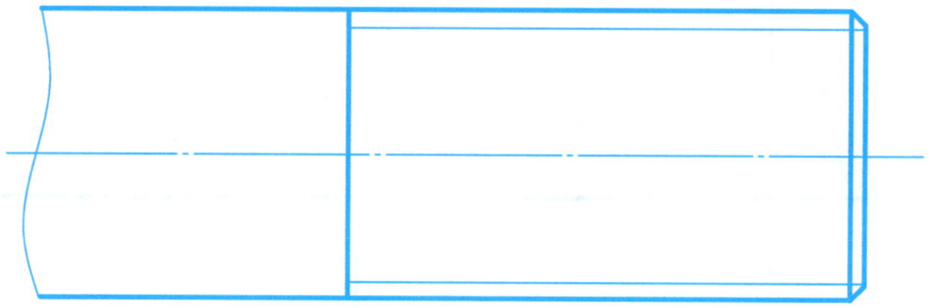

7-3-2　细牙普通螺纹，公称直径为 16mm，螺距为 1.5mm，右旋，中径和顶径的公差带为 7H。

7-3-3　梯形螺纹的公称直径为 40mm，导程为 14mm，螺距为 7mm，双线，左旋，中径公差带代号为 7e，中等组旋合长度。

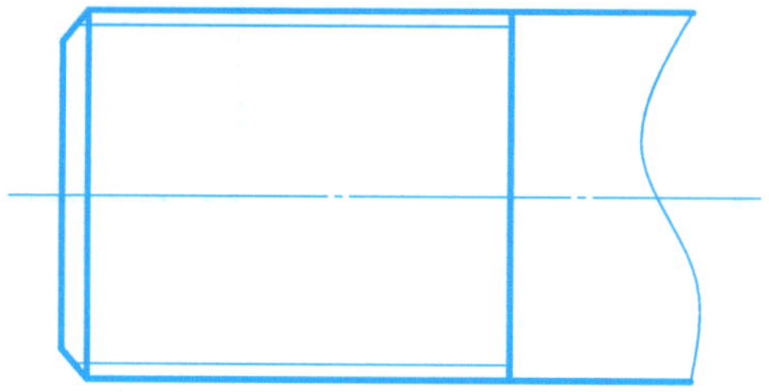

7-3-4　普通螺纹，公称直径为 24mm，导程为 3mm，螺距为 1.5mm，左旋，中径和顶径的公差带相同为 7H，旋合长度为长组。

7-3-5　非螺纹密封的管螺纹，尺寸代号为 1，左旋。

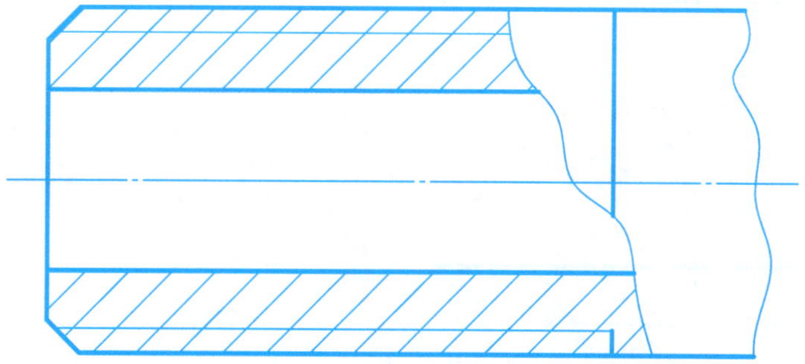

7-3-6　螺纹密封圆锥管螺纹，尺寸代号 1/2，右旋。

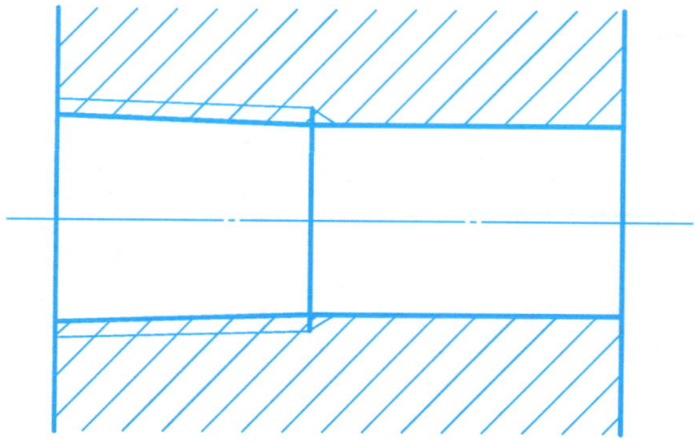

7-4-1　已知螺栓 GB/T 5782 M20×L，垫圈 GB/T 97.1 20，螺母 GB/T 6170，板厚 $\delta_1=\delta_2=20$mm，绘制螺栓连接的三视图（主视图全剖）。

7-4-2　已知螺柱 GB/T 898 M20×L，弹簧垫圈 GB/T 9320，螺母 GB/T 6170，上板厚 $\delta_1=20$mm，绘制螺柱连接的三视图（主视图全剖）。

7-5 分析螺钉连接和双头螺柱连接视图中的错误，并把正确的连接图画在指定位置

班级　　　　姓名　　　　学号

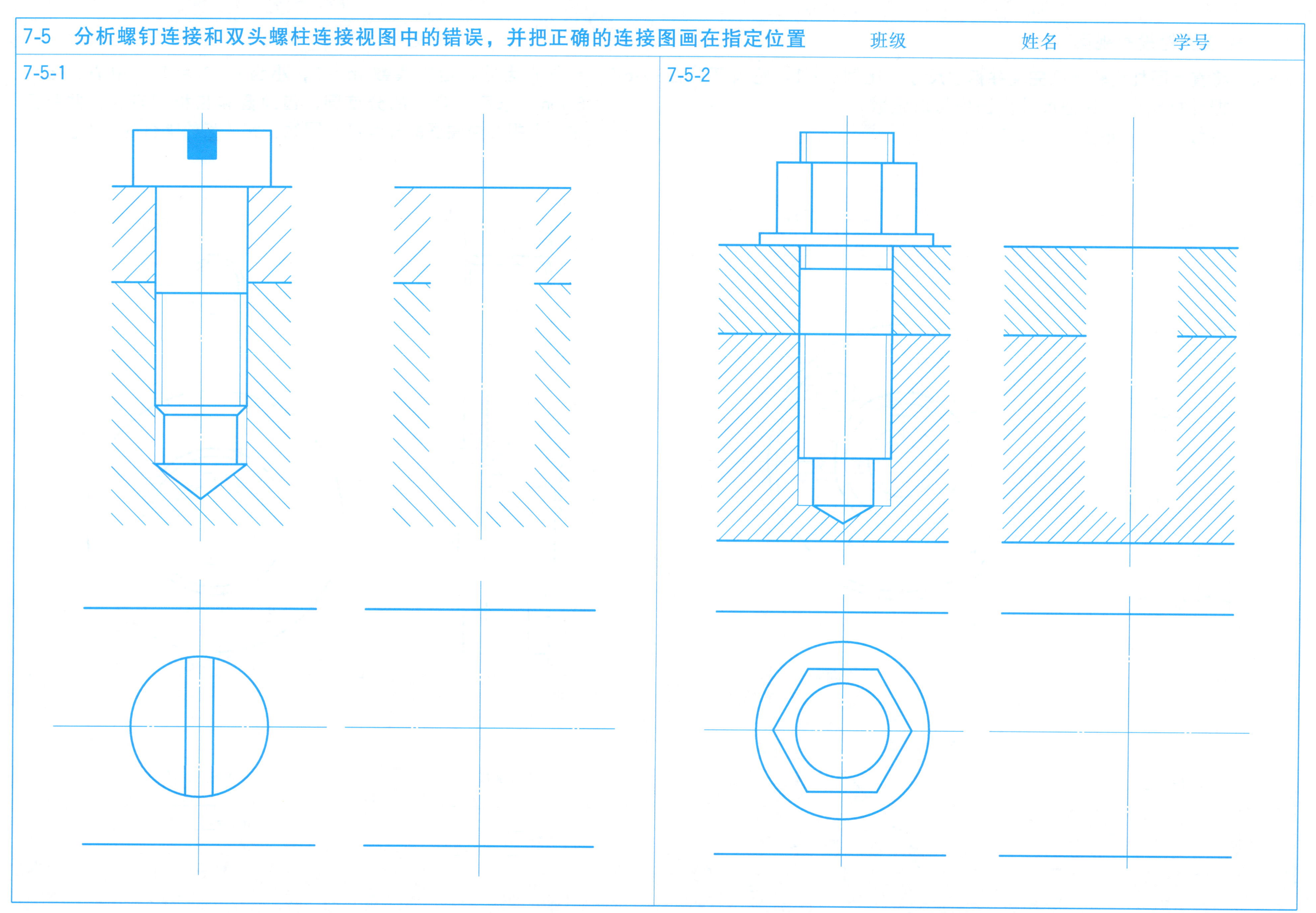

7-6 完成齿轮投影视图

班级　　　　姓名　　　　学号

7-6-1 将直齿圆柱齿轮补画完整并标注尺寸（比例 1∶1，轮齿部分根据计算确定，其他尺寸由图中量取整数）。

齿数 $Z=36$ 模数 $m=2.5$ 齿形角 $\alpha=20^{\circ}$

$d=$__________

$d_a=$__________

$d_f=$__________

7-6-2 已知直齿圆柱齿轮模数 $m=3$，小齿轮 $Z_1=14$，中心距 $a=60$mm，求两个齿轮的分度圆、齿顶圆和齿根圆直径，并补画主、左视图中漏画的轮齿部分图线，完成齿轮啮合的视图。

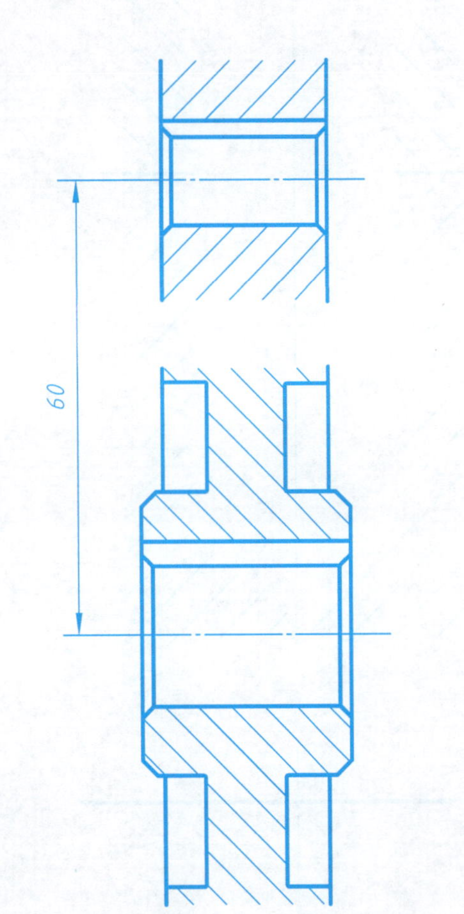

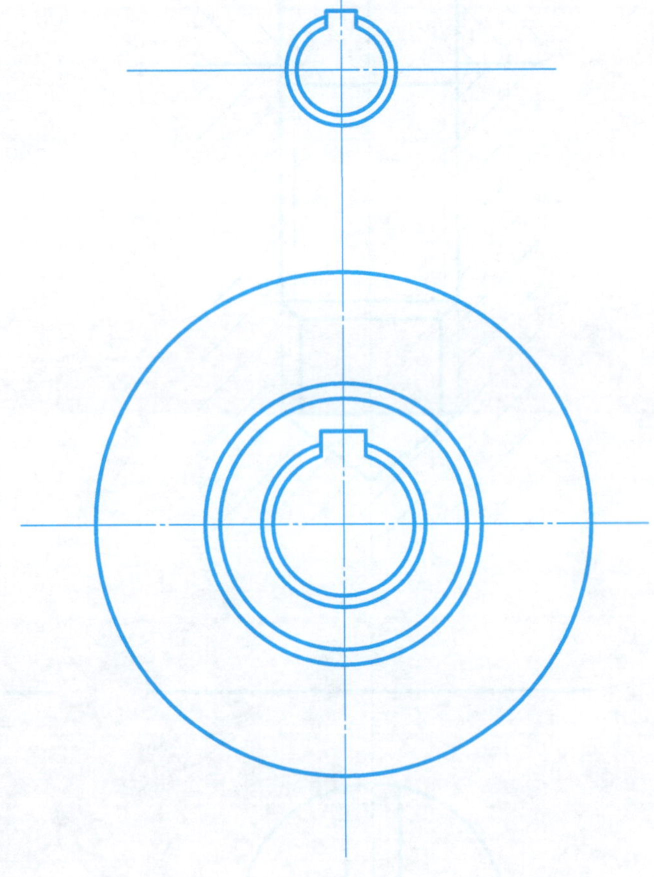

小齿轮主要尺寸：

$d_1=$__________

$d_{a1}=$__________

$d_{f1}=$__________

大齿轮主要尺寸：

$d_2=$__________

$d_{a2}=$__________

$d_{f2}=$__________

7-7 键连接

班级　　　　　　姓名　　　　　　学号

7-7-1 查表确定键槽尺寸，绘制轴的断面图 *A*—*A*，并标注键槽尺寸。

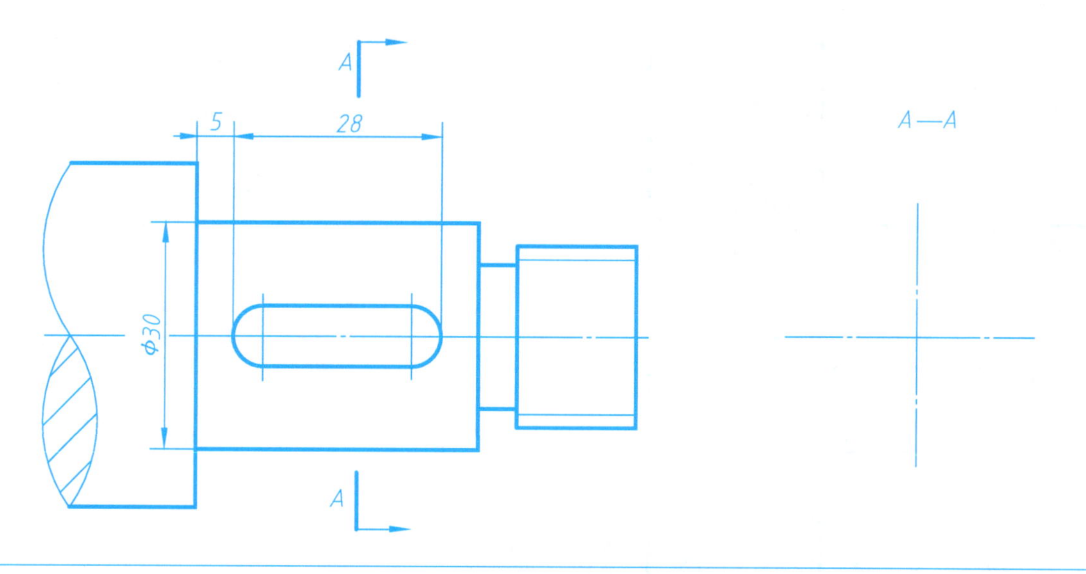

7-7-2 绘制与 7-7-1 中轴配合的齿轮轮毂部分的局部视图 *A*，补全主视图，并标注键槽尺寸（查表确定键槽尺寸）。

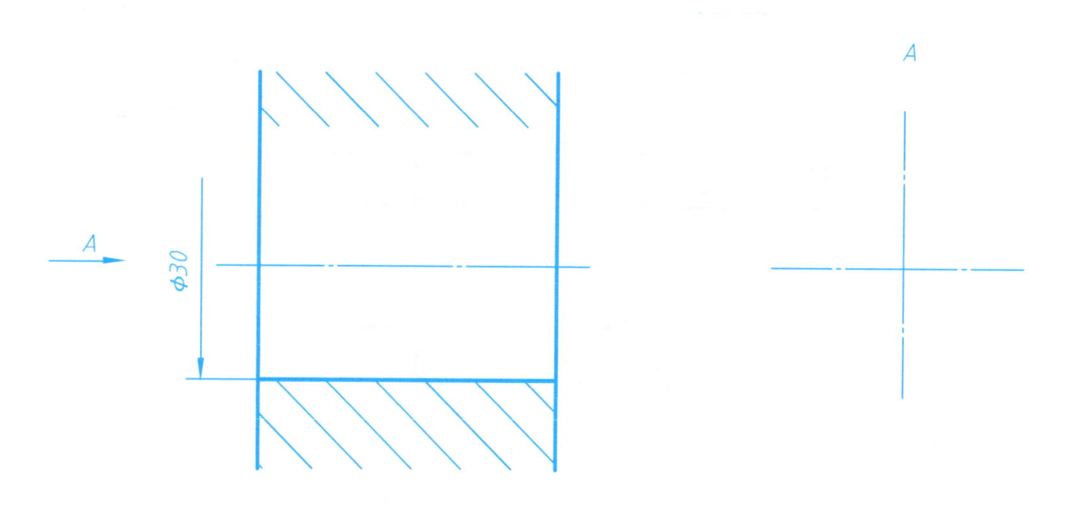

7-7-3 用 A 型普通平键（8×7×28）将轴和齿轮连接，补全键连接部分的主视图和 *A*—*A* 断面图，写出键的规定标记。

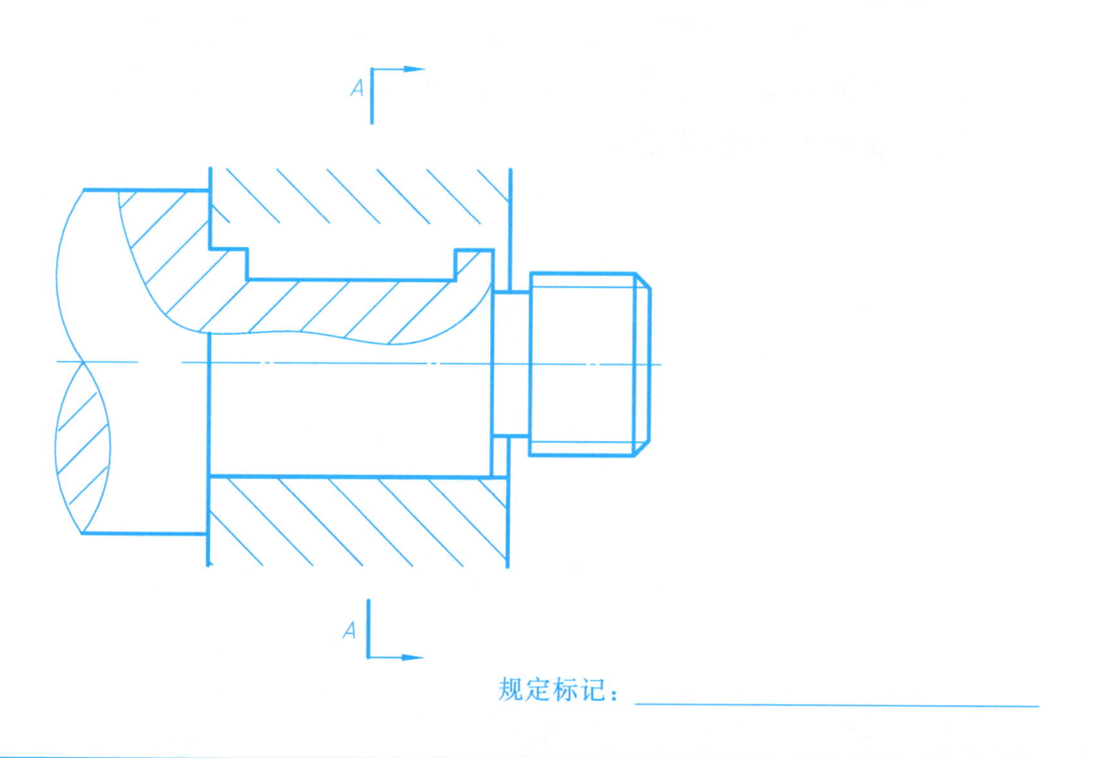

规定标记：＿＿＿＿＿＿＿＿

7-7-4 读半圆键连接图，判断剖视图 *A*—*A* 的正误，正确画“√”，错误画“×”。

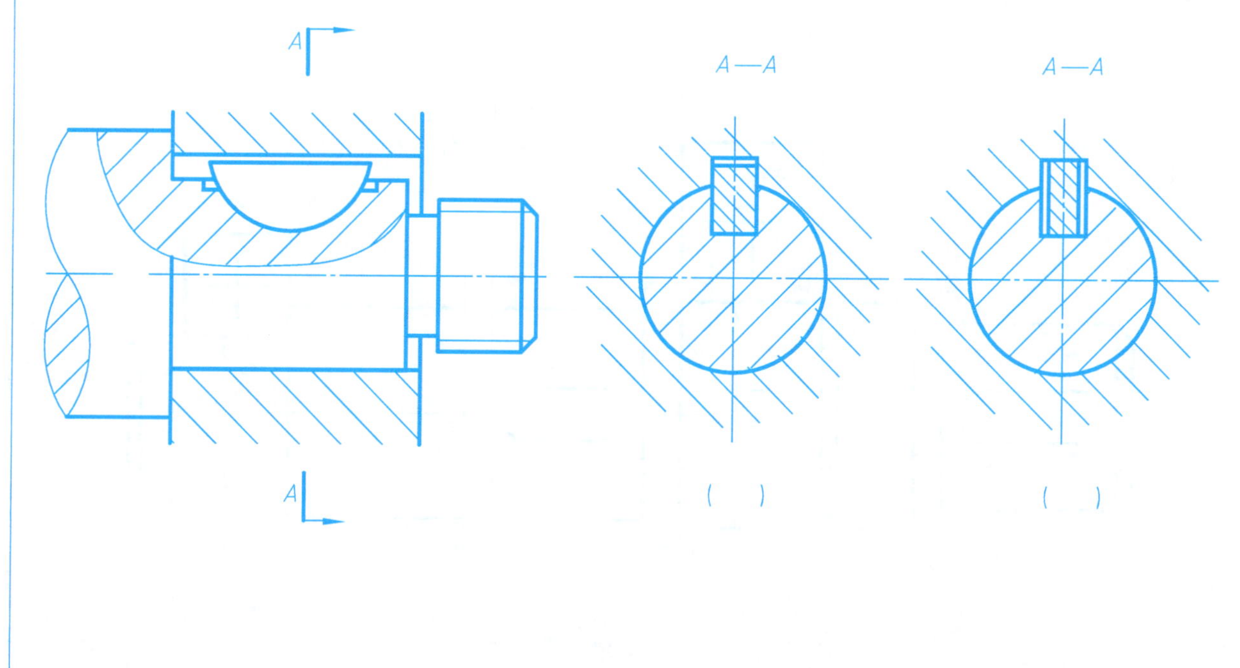

7-8 完成销连接、轴承、弹簧的视图

班级　　　　姓名　　　　学号

7-8-1 绘制 ϕ8 圆柱销的连接图，并写出选用圆柱销的规定标记。

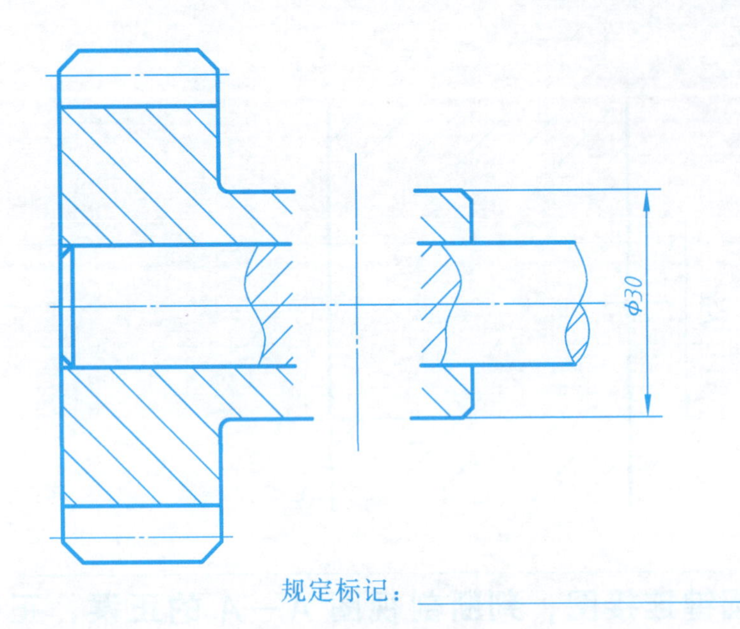

规定标记：

7-8-2 绘制 ϕ8 圆锥销的连接图，并写出选用圆锥销的规定标记。

规定标记：

7-8-3 用规定画法绘制滚动轴承的另一侧。

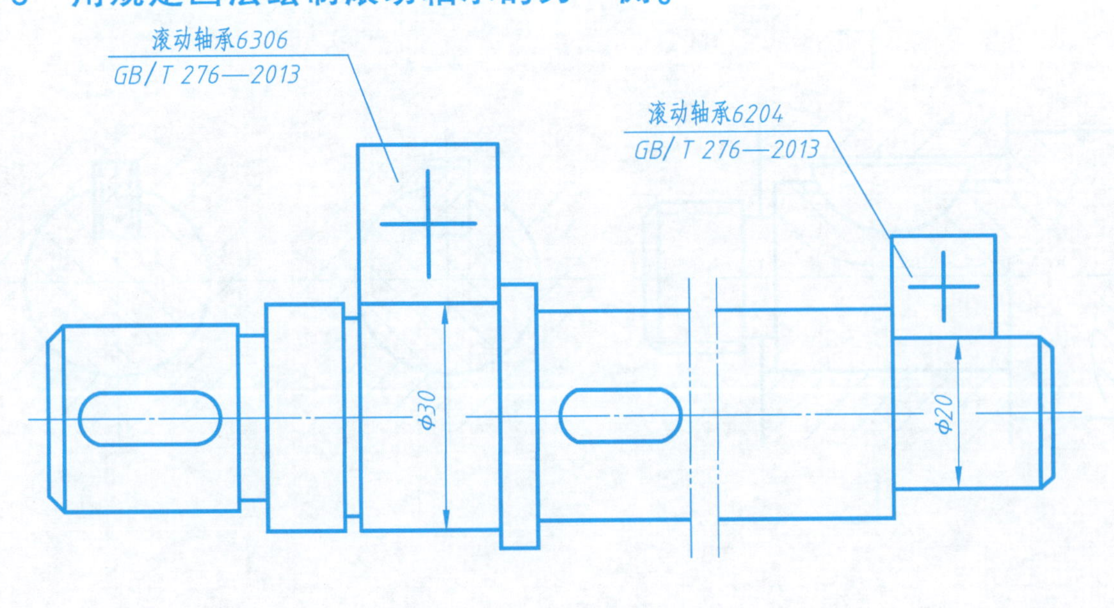

7-8-4 右旋圆柱螺旋压缩弹簧，线径 $d=6\text{mm}$，中径 $D=38\text{mm}$，节距 $t=11.8\text{mm}$，有效圈 $n=6.5$，支承圈 $n_2=2.5$，按照 1∶1 的比例绘制弹簧的剖视图。

第8章　零　件　图

8-1　根据轴测图，选择合理的表达方法，绘制零件图（比例自定）

班级　　　　姓名　　　　学号

8-1-1　绘制轴的零件图。键槽深度尺寸可查阅教材附录或相关标准。

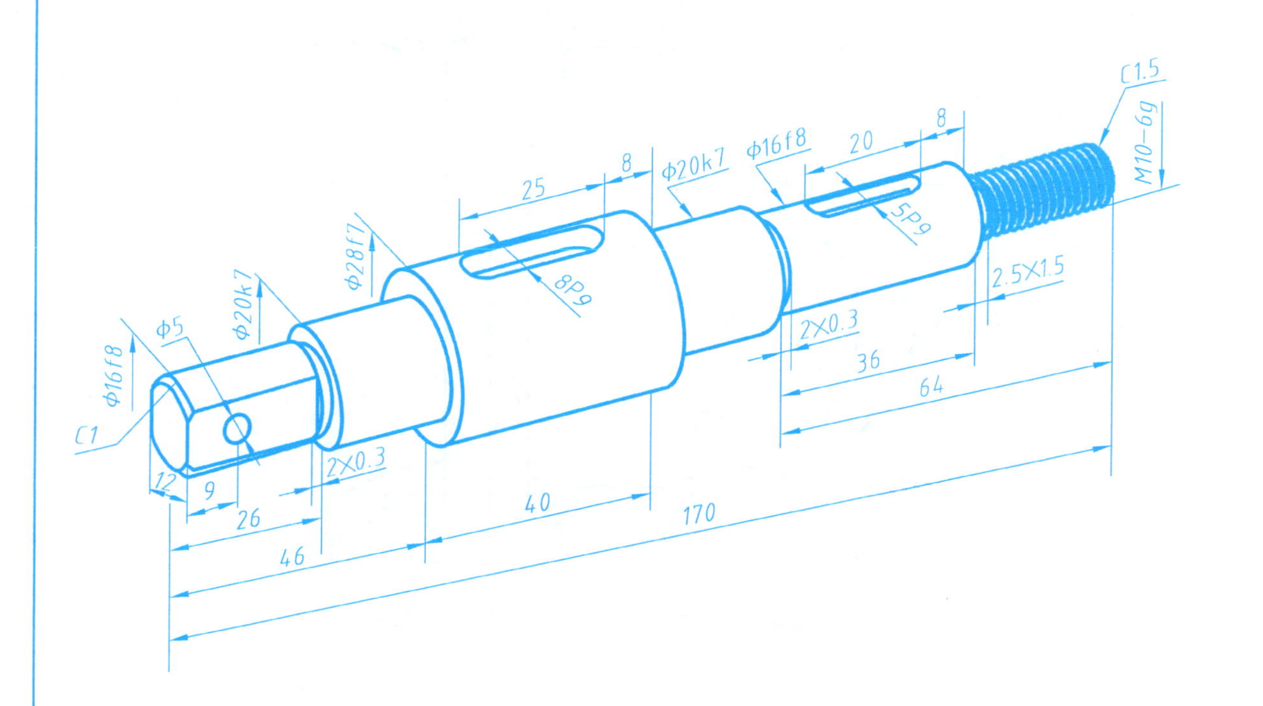

技术要求(图中标注)

1. 5P9 和8P9 键槽对称中心平面分别对Φ16f8圆柱轴线和Φ28f8圆柱轴线的对称度公差应限定在间距为0.02的两平行平面之间;
2. Φ28f8和Φ16f8 圆柱轴线对两处Φ20k7圆柱轴线的同轴度公差应限定在直径等于Φ0.04的圆柱面内;
3. Φ28f8圆柱端面对该段轴线的圆跳动公差应限定在轴向距离等于 0.02 的两个等圆之间。

轴		材料	比例	数量	(图号)
		45	1:1	1	
制图	(日期)	(单位名称)			
审核	(日期)				

8-1-2　绘制阀盖的零件图。

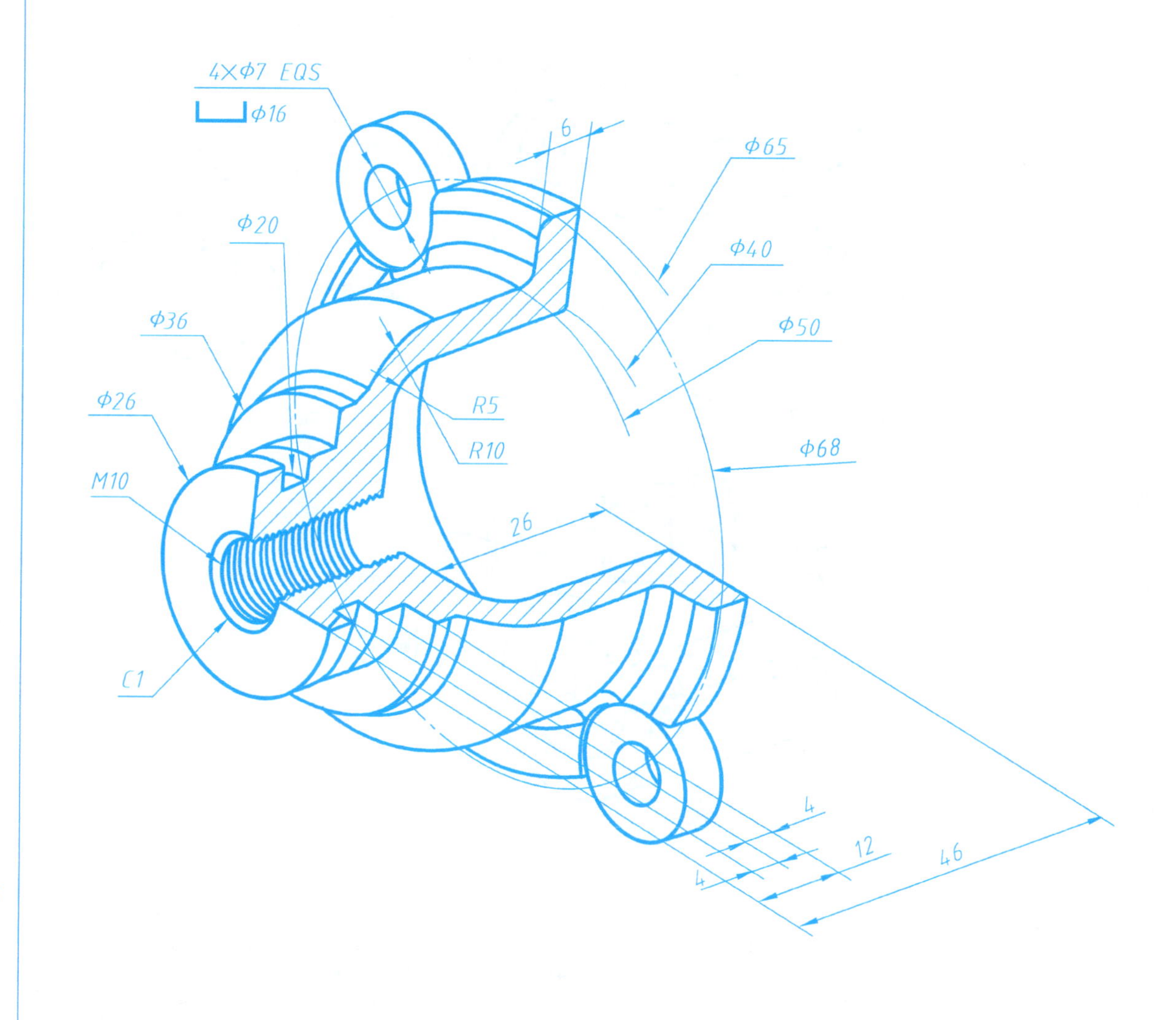

技术要求
未注圆角R2。

阀盖		材料	比例	数量	(图号)
		ZL101	1:1	1	
制图	(日期)	(单位名称)			
审核	(日期)				

8-1 根据轴测图，选择合理表达方法，绘制零件图（比例自定） 班级 姓名 学号

8-1-3 绘制支架的零件图。

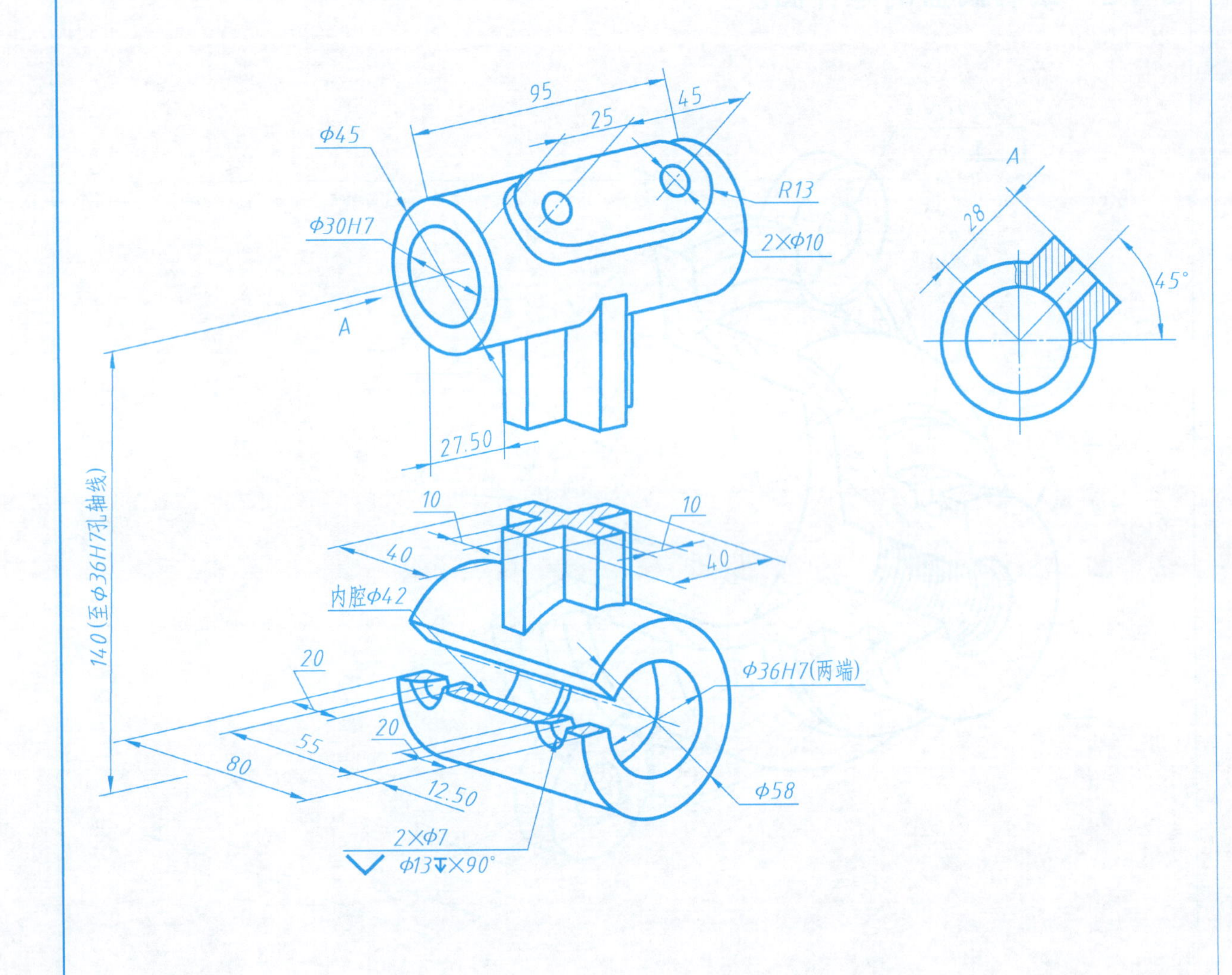

技术要求
未注圆角R2～R3。

支架	材料	比例	数量	（图号）
	HT150	1:1	1	
制图		（日期）	（单位名称）	
审核		（日期）		

8-1-4 绘制阀体的零件图。

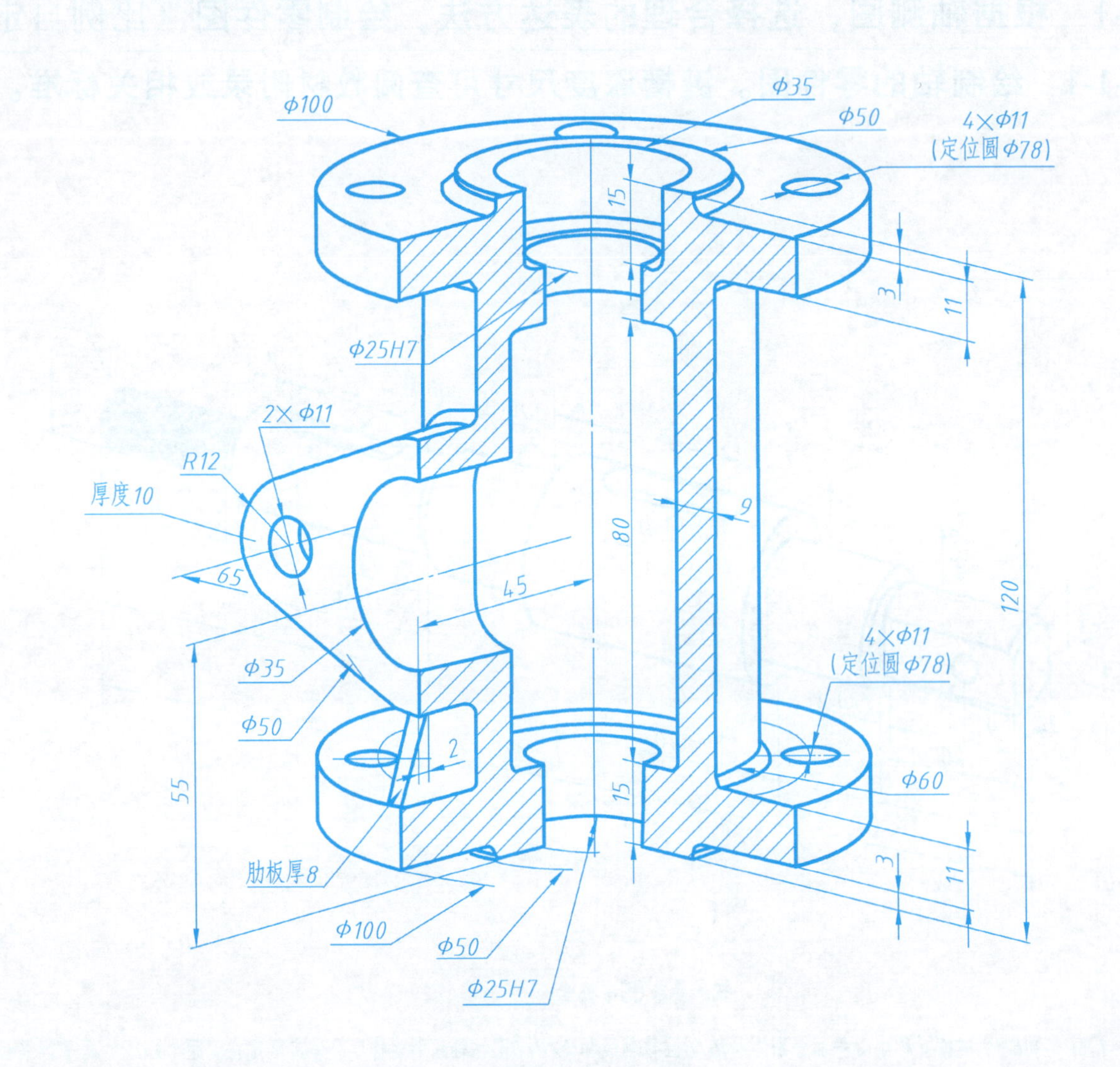

技术要求

1.Φ25H7(上端)圆柱轴线对Φ25H7(下端)圆柱轴线的同轴度公差应限定在直径等于Φ0.01的圆柱面内；

2.未注圆角R2～R3。

阀体	材料	比例	数量	（图号）
	HT200	1:1	1	
制图		（日期）	（单位名称）	
审核		（日期）		

8-2 表面结构的标注与识读

班级　　　姓名　　　学号

8-2-1 在下图的各个表面，用去除材料的方法加工，*Ra* 的上限值均为 3.2μm。

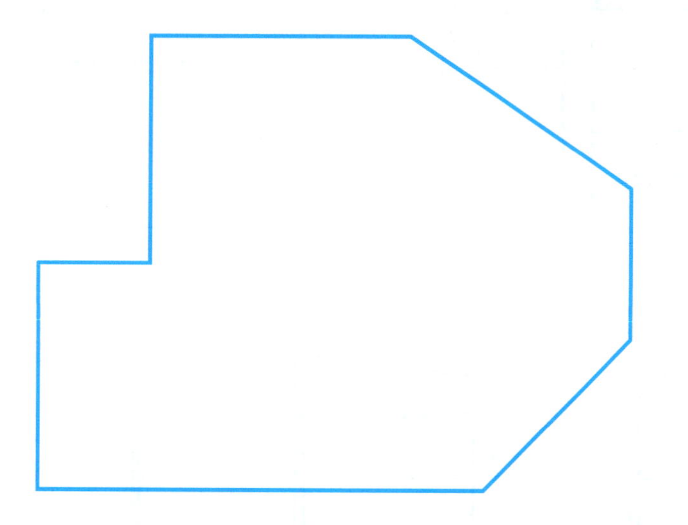

8-2-2 根据所给 *Ra* 值标注图中零件相关表面结构代号。

表面	*A*	*B*	*C*	*D*	其余
Ra/μm	6.3	3.2	1.6	0.8	12.5

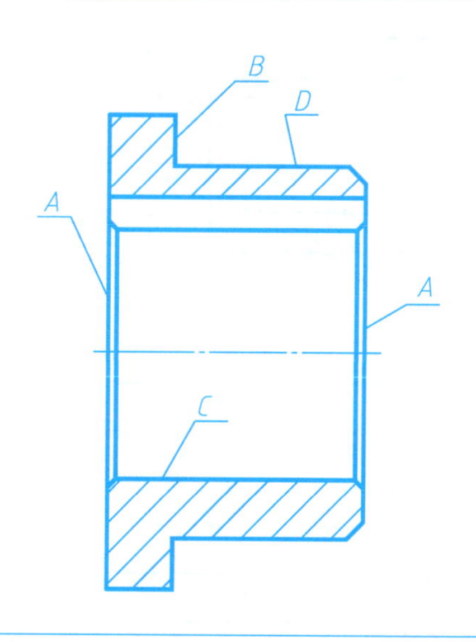

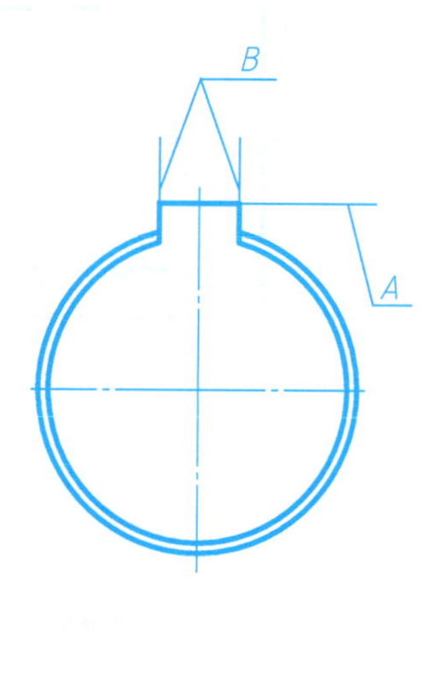

8-2-3 根据图中给出的 *Ra* 值，在表中填写相关表面的表面结构参数值。

表面	ϕ35 左端面	ϕ21 外圆面	M16 外圆面	键槽底面	键槽侧面	其余
Ra/μm						

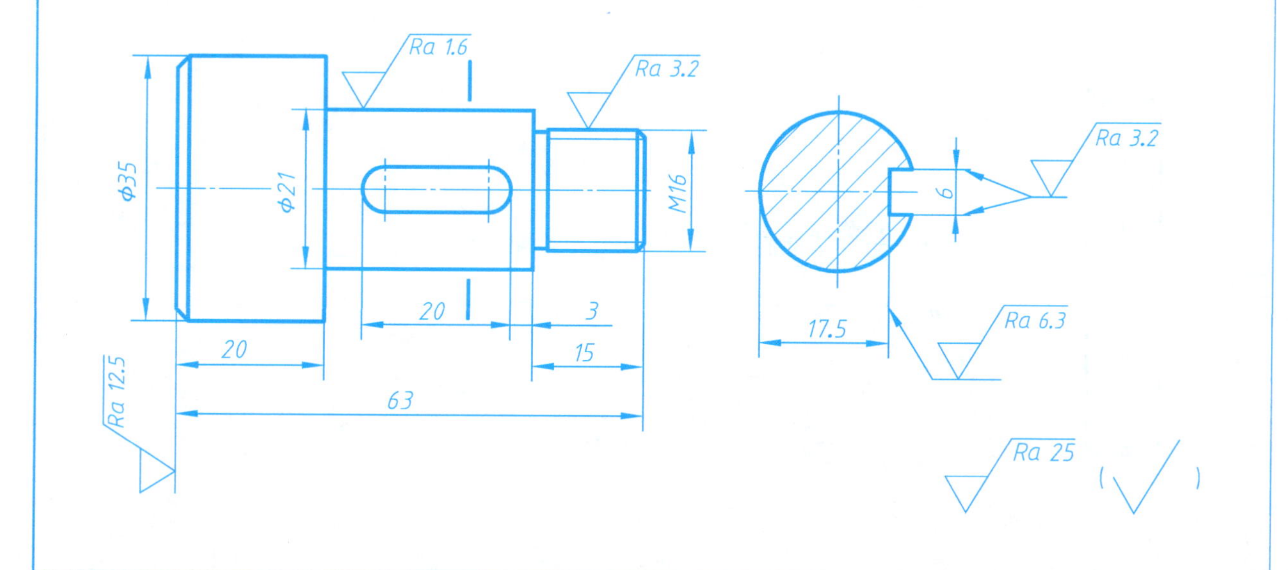

8-2-4 根据表中给出的 *Ra* 值，在图中标注表面结构代号。

表面	*A*	*B*	*C*	其余
Ra/μm	6.3	3.2	1.6	不加工

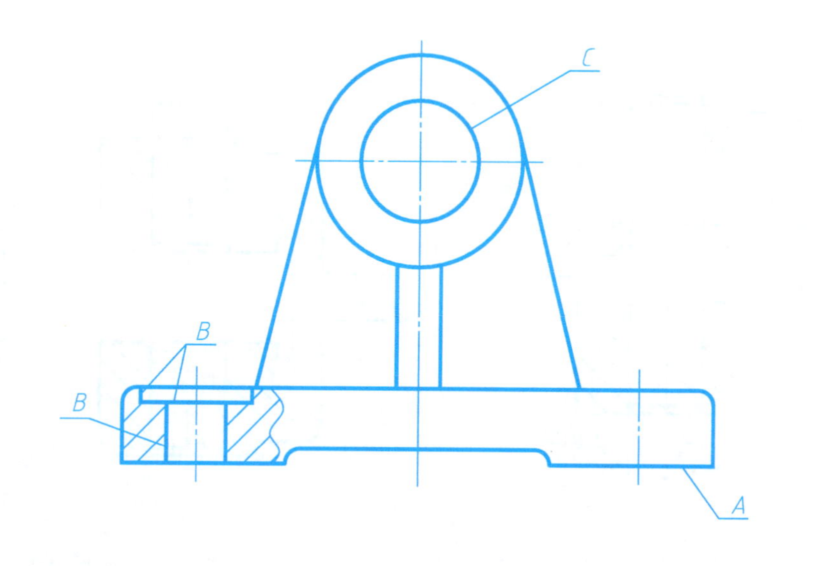

8-3　尺寸公差的标注与识读

班级　　　　姓名　　　　学号

8-3-1　根据图中所标注的尺寸填写表格。

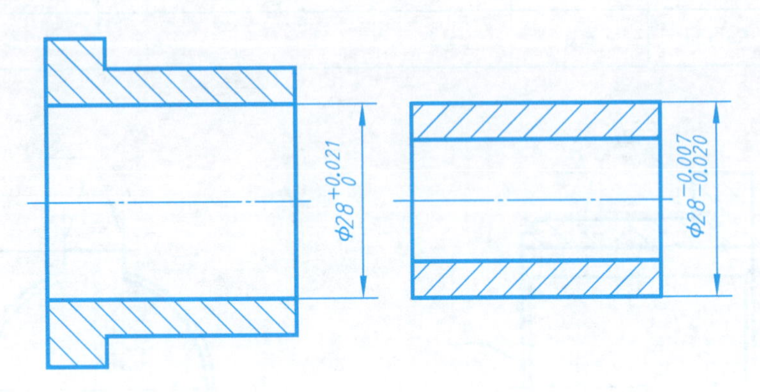

项目	孔	轴
公称尺寸		
上极限尺寸		
下极限尺寸		
上极限偏差		
下极限偏差		
尺寸公差		

8-3-2　根据装配图上的尺寸标注，查表后分别在零件图上标注出相应的公称尺寸、公差带代号和极限偏差，并解释配合代号的意义。

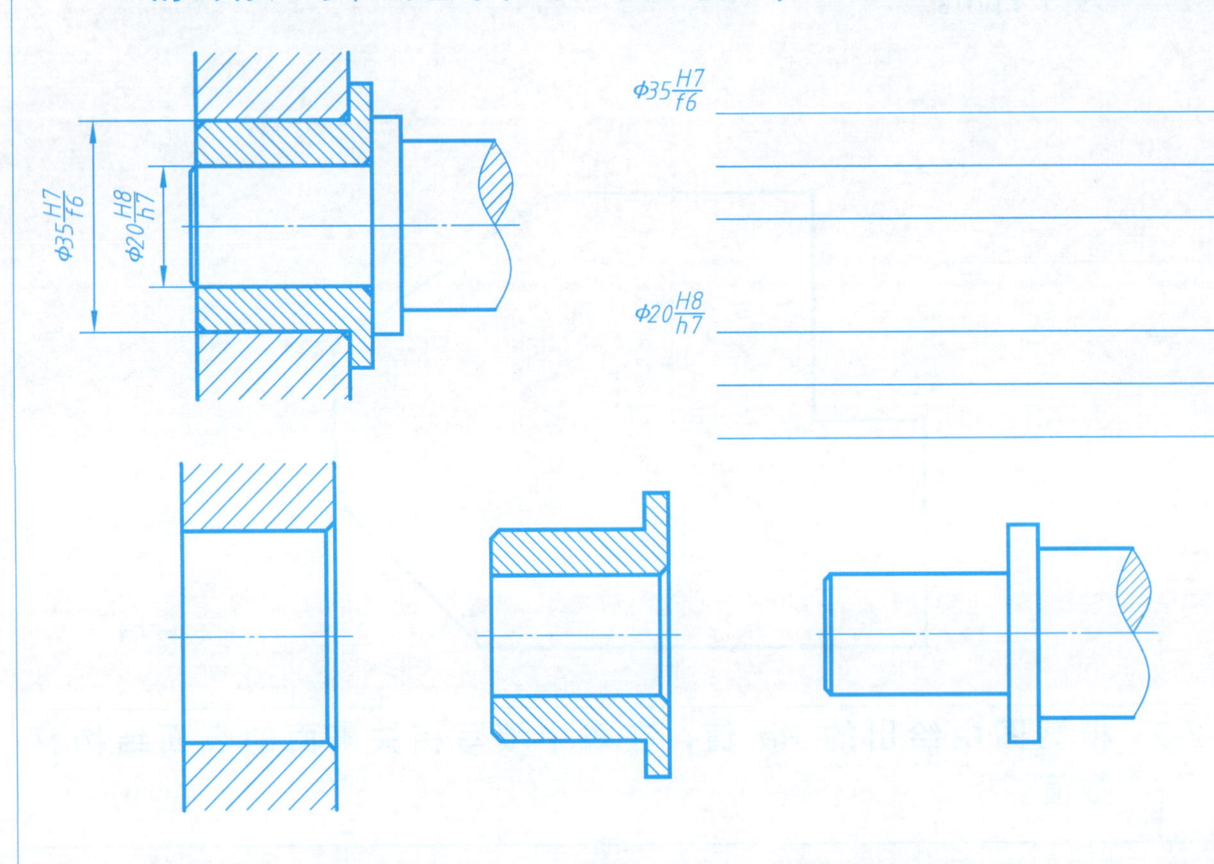

8-3-3　根据装配图中所标注的配合代号，说明其配合的基准制、配合种类，并分别在相应的零件图上标注其公称尺寸、公差带代号和极限偏差。

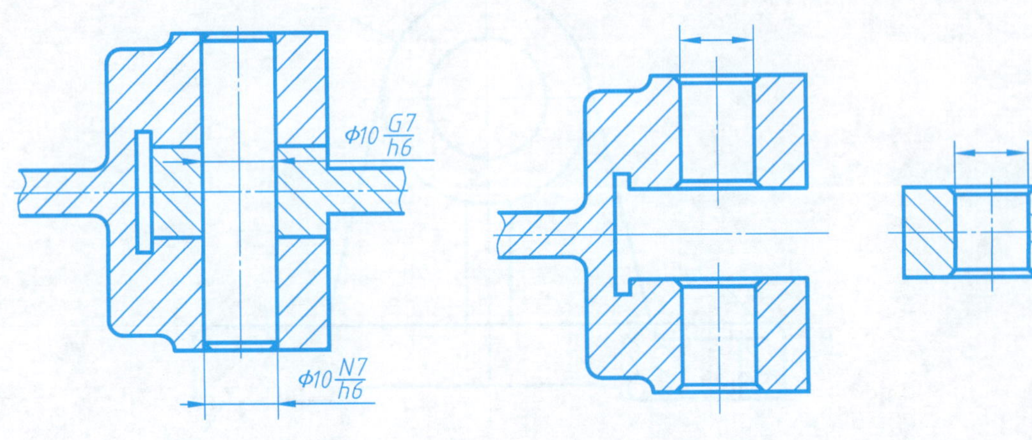

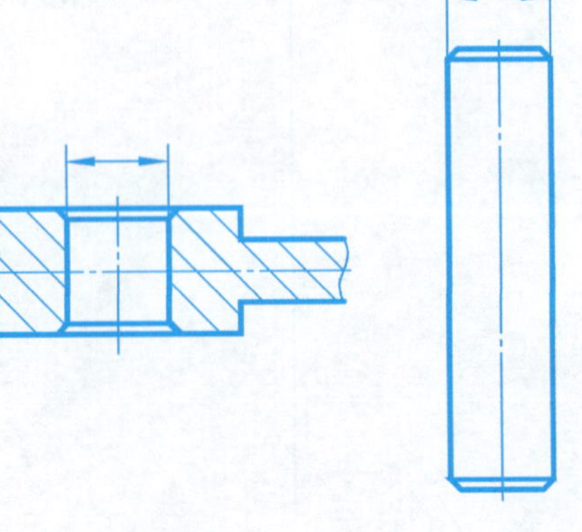

$\phi10\frac{G7}{h6}$　基准制：＿＿＿＿＿，配合种类：＿＿＿＿＿。

$\phi10\frac{N7}{h6}$　基准制：＿＿＿＿＿，配合种类：＿＿＿＿＿。

8-4 几何公差的标注与识读

班级　　　　姓名　　　　学号

8-4-1 圆柱 $\phi30$ 轴线的直线度公差为 0.1，在图中标注其几何公差代号。

8-4-2 圆柱孔 $\phi12$ 轴线相对于圆柱孔 $\phi18$ 轴线的平行度公差为 $\phi0.03$，在图中标注其几何公差代号。

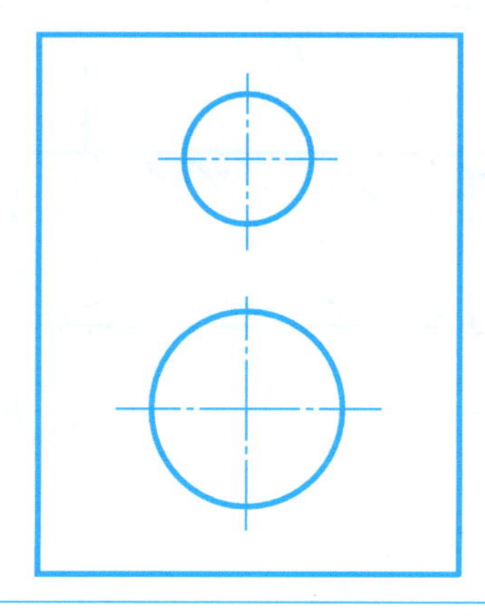

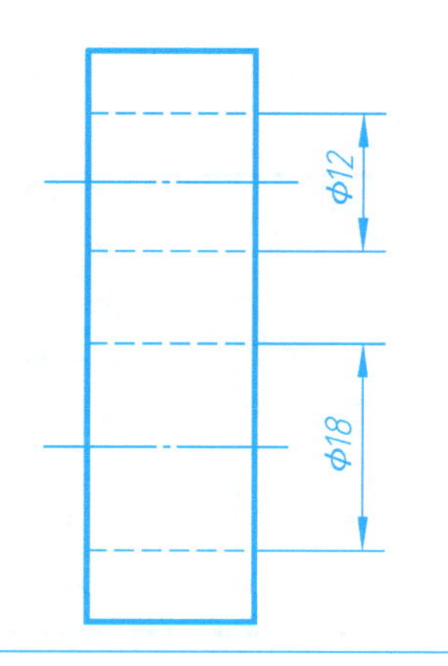

8-4-3 圆柱 $\phi20$ 轴线相对于底面 A 的垂直度公差为 $\phi0.01$，在图中标注其几何公差代号。

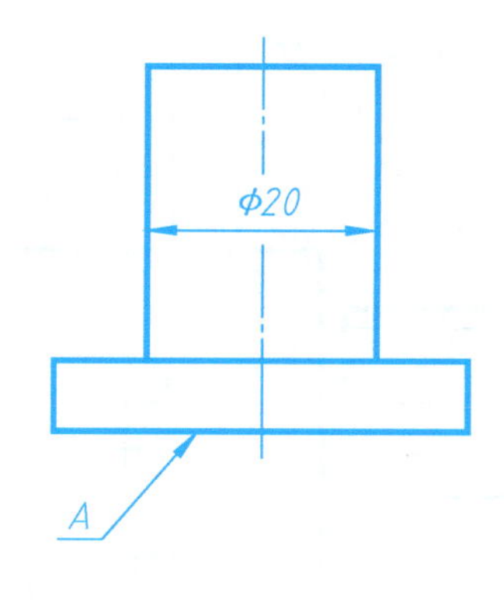

8-4-4 圆柱 $\phi64$ 轴线的同轴度公差应限定在直径等于 $\phi0.1$，以圆柱 $\phi40$ 和 $\phi24$ 公共基准轴线的圆柱面内。

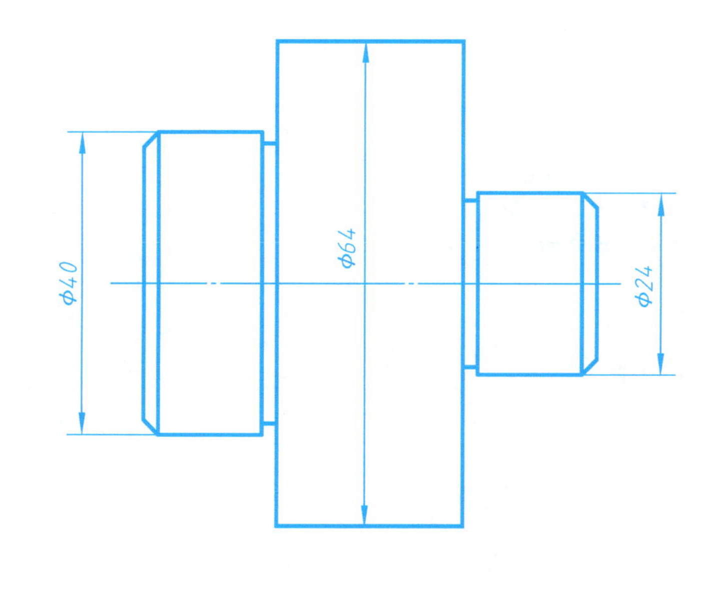

8-4-5 解释图中公差代号的含义。

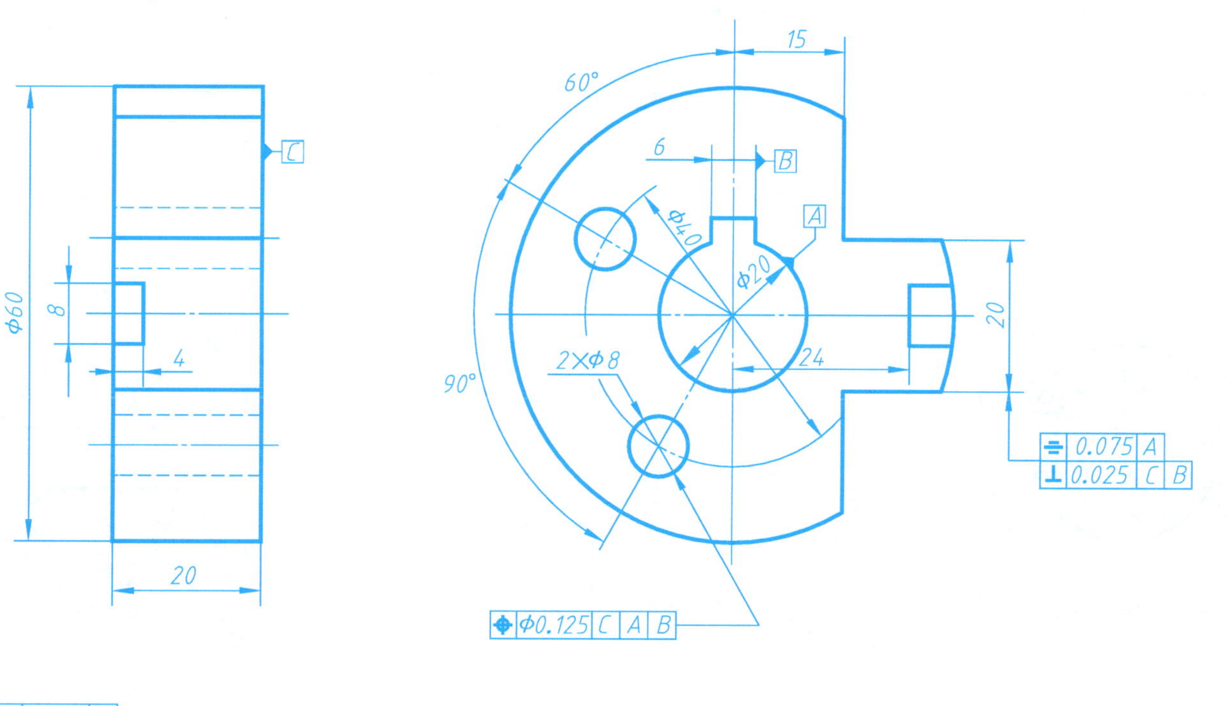

0.075 | A ________________

0.025 | C | B ________________

ϕ0.125 | C | A | B ________________

8-5 读零件图，回答问题

班级　　　　姓名　　　　学号

8-5-1

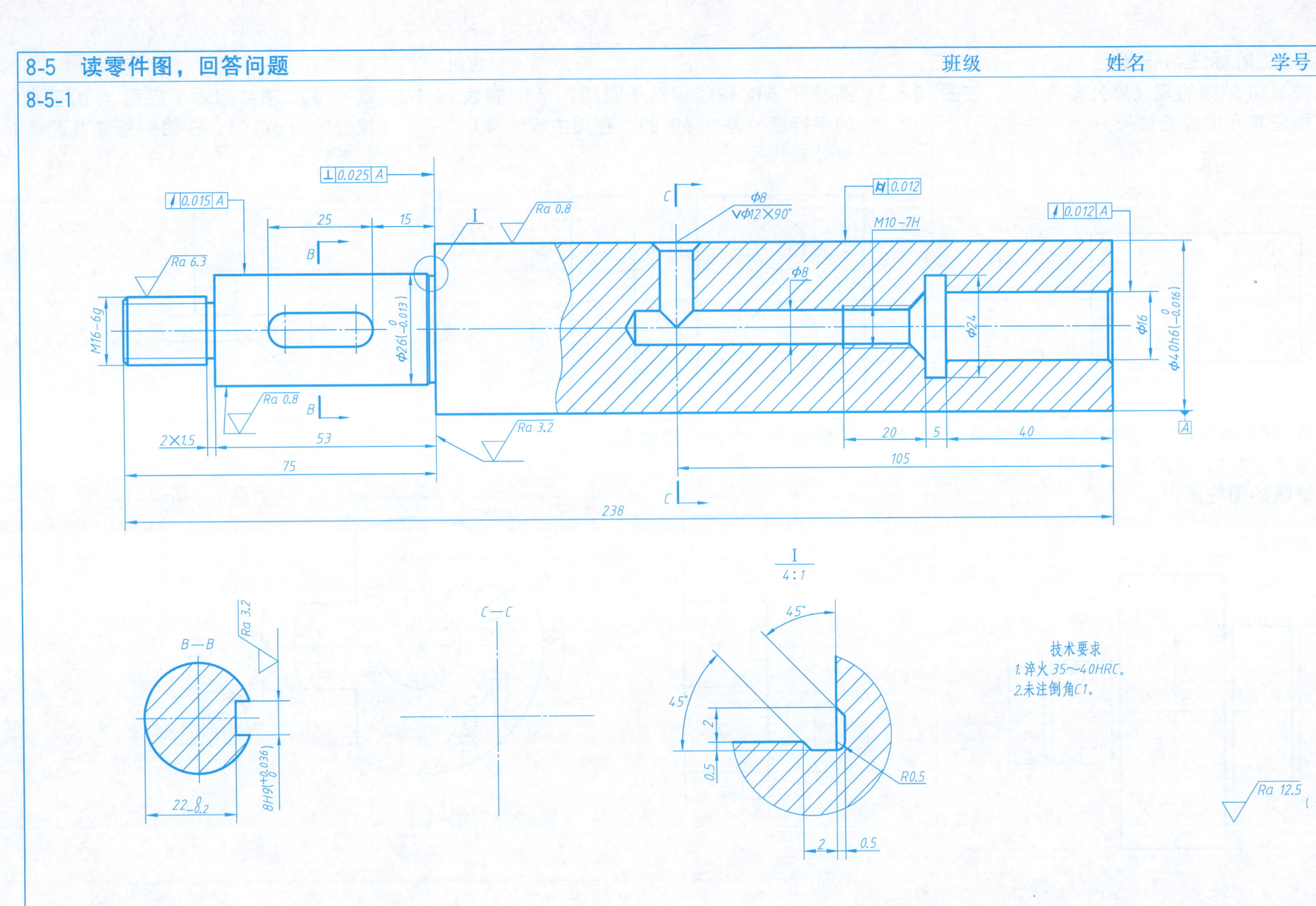

主轴		材料	比例	数量	(图号)
		45	1:1	1	
制图	(日期)	(单位名称)			
审核	(日期)				

8-5 读零件图，回答问题

班级　　　　姓名　　　　学号

8-5-1 读主轴零件图，回答下列问题。

（1）该零件采用____个基本视图表达主轴的主要结构和形状，并采用一个局部剖视图表达主轴的内部结构；此外，采用__________表达砂轮越程槽结构，采用__________表达键槽断面形状。

（2）用指引线和文字在图中注明径向尺寸基准和轴向主要尺寸基准。

（3）主轴上键槽长度为____，宽度为____，键槽长度方向定位尺寸为_______，键槽深度标注 $22_{-0.2}^{\ 0}$ 是为了便于_______________。

（4）$\phi 26h6$（$_{-0.013}^{\ 0}$）的上极限尺寸是__________，下极限尺寸是__________，公差为__________，其公差带代号为__________。

$\phi 40h6$（$_{-0.016}^{\ 0}$）的上极限偏差是__________，下极限偏差是__________，公差为__________。

（5）该轴的表面结构要求最高的 *Ra* 值为__________。

（6）在指定位置作出 *C*—*C* 移出断面图。

（7）说明 4 个几何公差代号的含义。

| ↗ | 0.015 | A | ____

____

| ⊥ | 0.025 | A | ____

____

| ⌭ | 0.012 | ____

____

| ↗ | 0.012 | A | ____

____

8-5-2 读尾架端盖零件图，回答下列问题。

（1）该零件属于_______类零件，材料为_______，绘图比例为_______。

（2）该零件采用____个基本视图。主视图采用_______剖视图表达零件内部的孔槽结构，它的剖切位置在_______视图中注明，剖切平面的种类是_______________。

（3）用指引线和文字在图中注明径向尺寸基准和轴向尺寸基准。

（4）解释图中尺寸标注 $\frac{4\times\phi 9}{⌴\phi 12↧9}$ 的含义：____。

（5）$\phi 75_{-0.076}^{-0.030}$ 的上极限尺寸是__________，下极限尺寸是__________，公差为__________，查教材附录，其公差带代号为_______。

$\phi 25_{\ 0}^{+0.021}$ 的上极限偏差是__________，下极限偏差是__________，公差为__________。

（6）$\phi 75_{-0.076}^{-0.030}$ 外圆的表面结构 *Ra* 值为__________，$\phi 60$ 右端面的表面结构 *Ra* 值为__________，115×115 右端面为（加工、非加工）面。

（7）*R*33 曲面的定位尺寸是_______和_______。

（8）说明两处几何公差代号的含义。

① | ↗ | 0.03 | B | ____

____

② | ↗ | 0.03 | B | ____

____

8-5-2

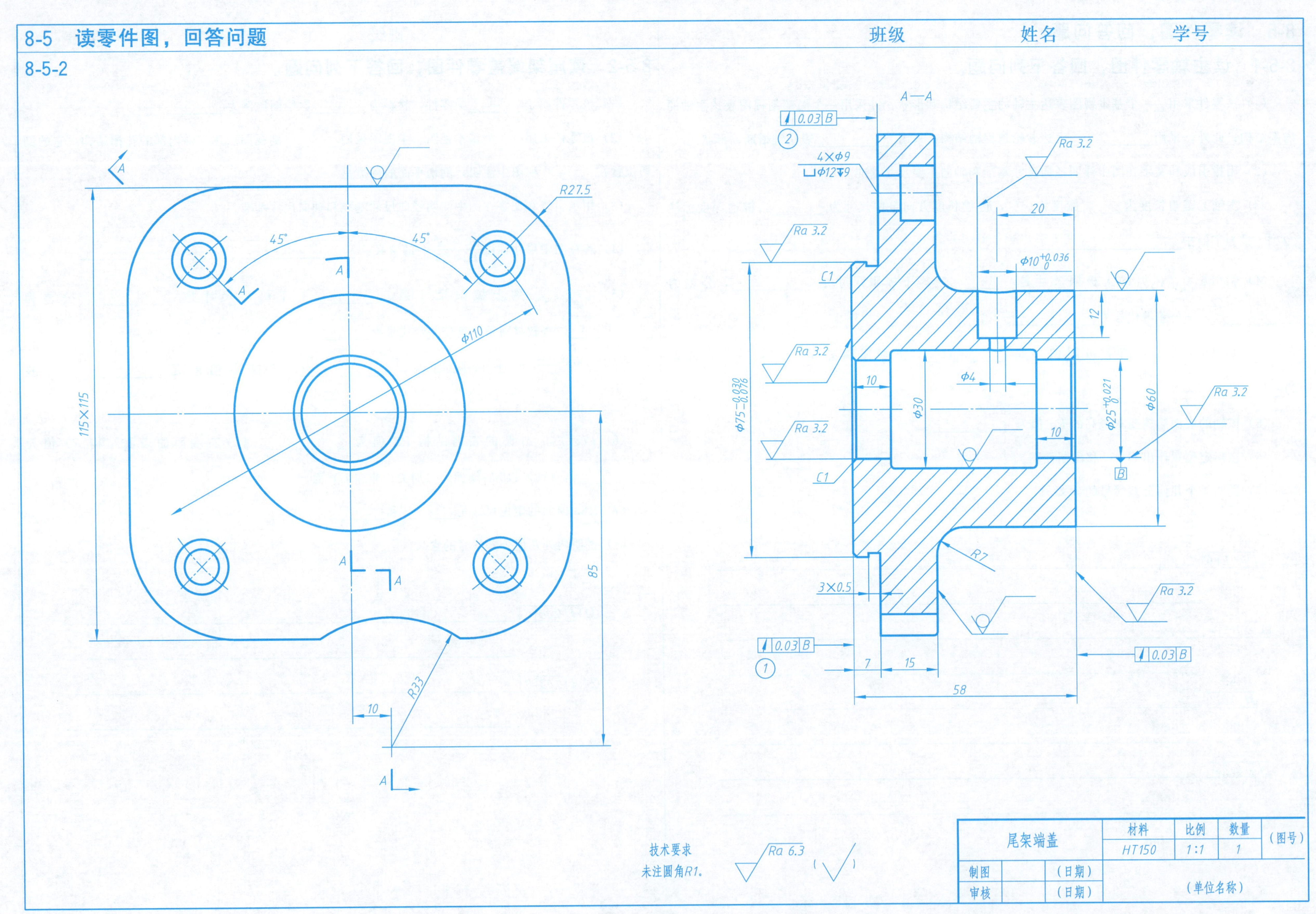

尾架端盖	材料	比例	数量	（图号）
	HT150	1:1	1	
制图	（日期）			（单位名称）
审核	（日期）			

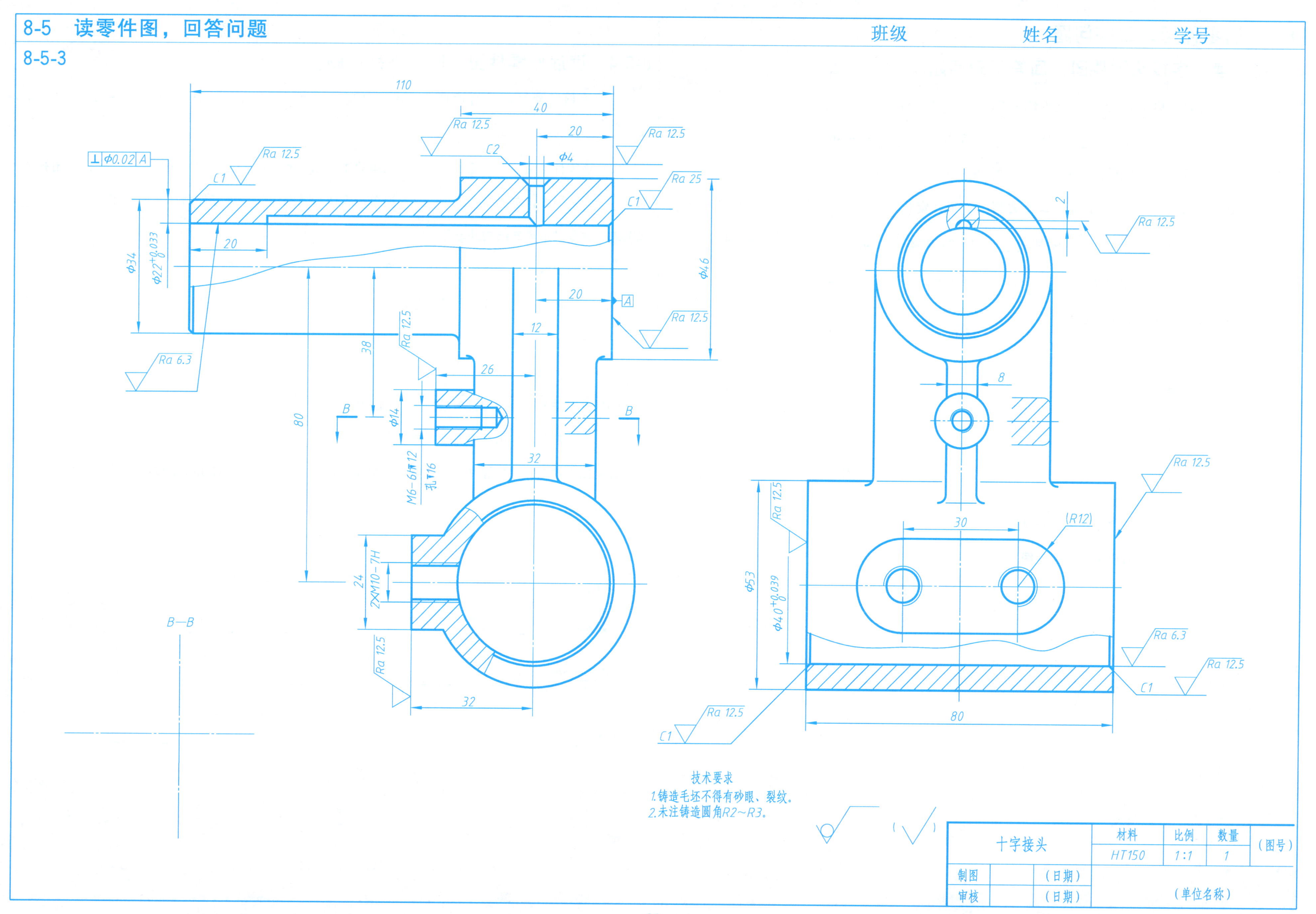
8-5 读零件图，回答问题
班级
姓名
学号
8-5-3
110
40
20
Φ4
C2
C1
Ra 12.5
Ra 25
Ra 6.3
⊥ Φ0.02 A
Φ34
Φ46
20
38
80
26
12
32
24
B
B—B
Φ14
M6-6H▼12
孔▼16
2×M10-7H
Ra 12.5
2
8
30
(R12)
Φ53
80
Ra 6.3
技术要求
1.铸造毛坯不得有砂眼、裂纹。
2.未注铸造圆角R2~R3。
十字接头
材料
比例
数量
(图号)
HT150
1:1
1
制图
(日期)
审核
(日期)
(单位名称)

8-5-3 读十字接头零件图，回答下列问题。

（1）根据零件名称和结构形状，此零件属于________类零件。

（2）十字接头的结构由________部分、________部分和________部分组成。

（3）用指引线和文字在图中注明三个方向的主要尺寸基准。

（4）在主视图中，下列尺寸属于哪种类型（定形、定位）尺寸，80 是________尺寸，38 是________尺寸，40 是________尺寸，24 是________尺寸，$\phi22^{+0.033}_{0}$ 是____________尺寸。

（5）$\phi40^{+0.039}_{0}$ 的上极限尺寸是________，下极限尺寸是________，公差为________。

（6）解释图中几何公差的含义：

⊥	ϕ0.02	A

基准要素是____________________。

被测要素是____________________。

公差项目是____________________。

公差值是____________________。

（7）零件上共有____个螺孔，尺寸分别是____________________。

（8）在图中指定位置做出 *B*—*B* 断面图。

8-5-4 读底座零件图，回答下列问题。

（1）根据零件名称和结构形状，该零件属于________类零件，材料为________，绘图比例为________。

（2）该零件采用____个基本视图表达底座的主要结构和形状，主视图采用________视图，俯视图采用________视图，左视图采用________视图。除基本视图以外，该零件图中还采用了 2 处________视图来表达零件的局部结构外形轮廓。

（3）用指引线和文字在图中注明长、宽、高三个方向的尺寸基准。

（4）该零件的总体尺寸分别是：总长________，总宽________，总高________。

（5）查《工程制图》附录，可知 ϕ26H7 上极限偏差是________，下极限偏差是________，公差为________。

（6）该零件的表面结构要求最高的 *Ra* 值为________。

（7）在指定位置作出底座左视图外形图。

（8）图中共有____处螺纹孔，说明下列螺纹孔尺寸标注含义，并找出其定位尺寸。

3×M6-6H / ↧12EQS ____

4×M5-6H / ↧12 ____

4×M6-6H ____

4×M10-6H / ↧12 ____

4×M4-6H / ↧12EQS ____

8-5 读零件图，回答问题

班级　　姓名　　学号

8-5-4

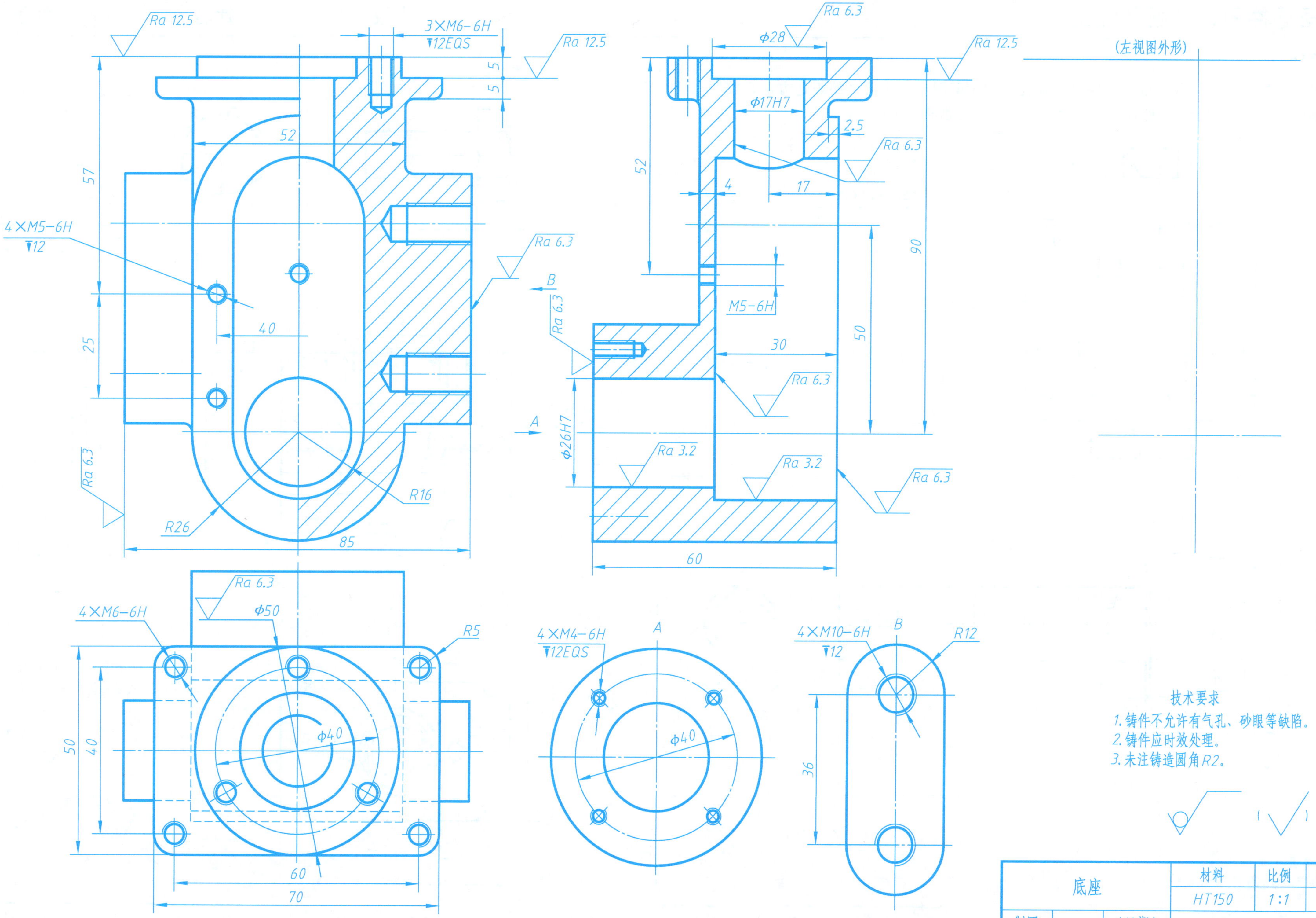

(左视图外形)

技术要求
1. 铸件不允许有气孔、砂眼等缺陷。
2. 铸件应时效处理。
3. 未注铸造圆角R2。

底座		材料	比例	数量	(图号)
		HT150	1:1	1	
制图	(日期)	(单位名称)			
审核	(日期)				

第9章 装 配 图

9-1 根据零件图，拼画装配图

班级 姓名 学号

9-1-1 旋阀。

绘制要求：根据旋阀装配示意图和零件图拼画旋阀的装配图（采用恰当的表达方法，按照 1：1 比例，完整清晰地表达旋阀的工作原理、装配关系，并标注必要的尺寸）。

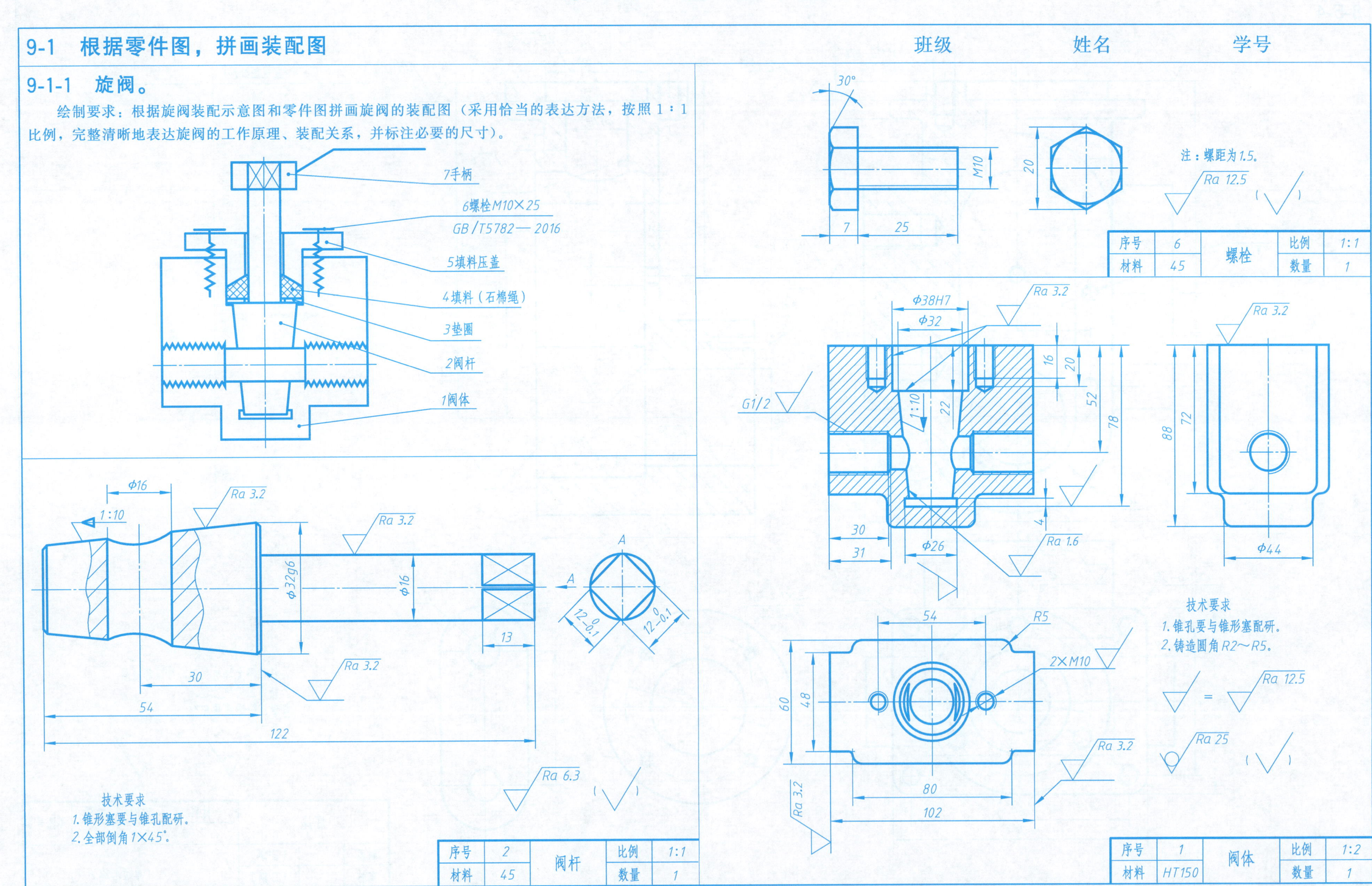

9-1 根据零件图，拼画装配图

班级 姓名 学号

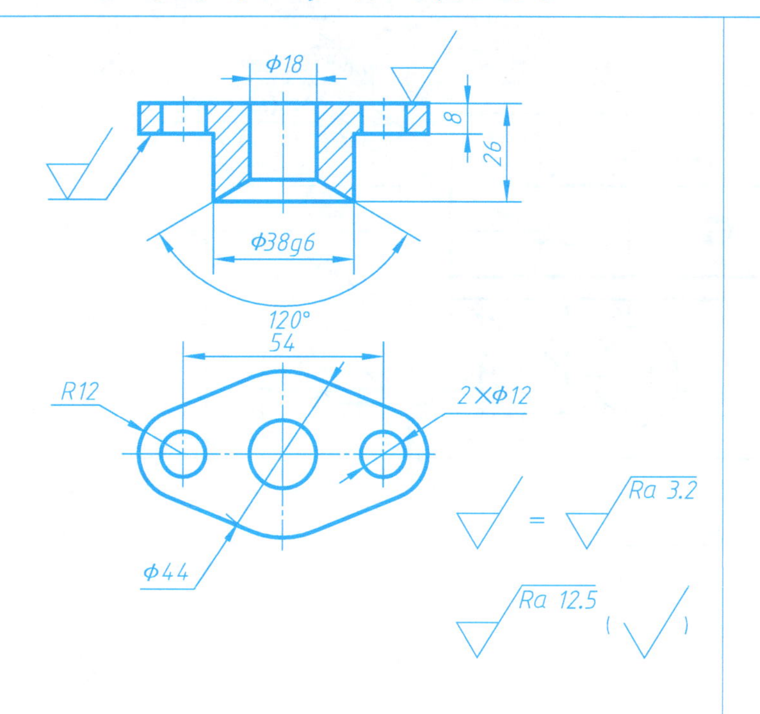

序号	5	填料压盖	比例	1:2
材料	35		数量	1

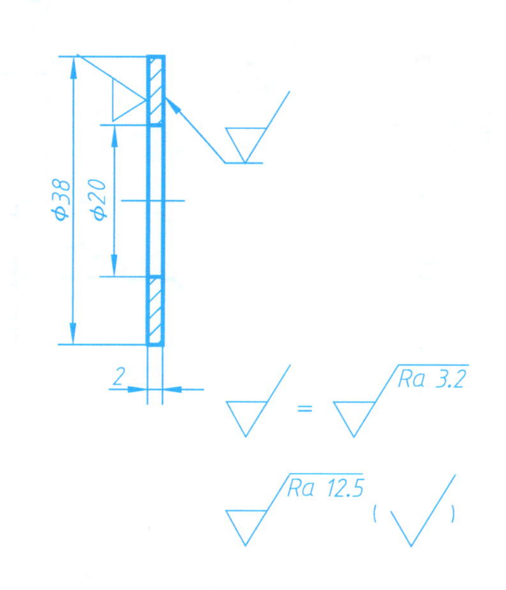

序号	3	垫圈	比例	1:1
材料	35		数量	1

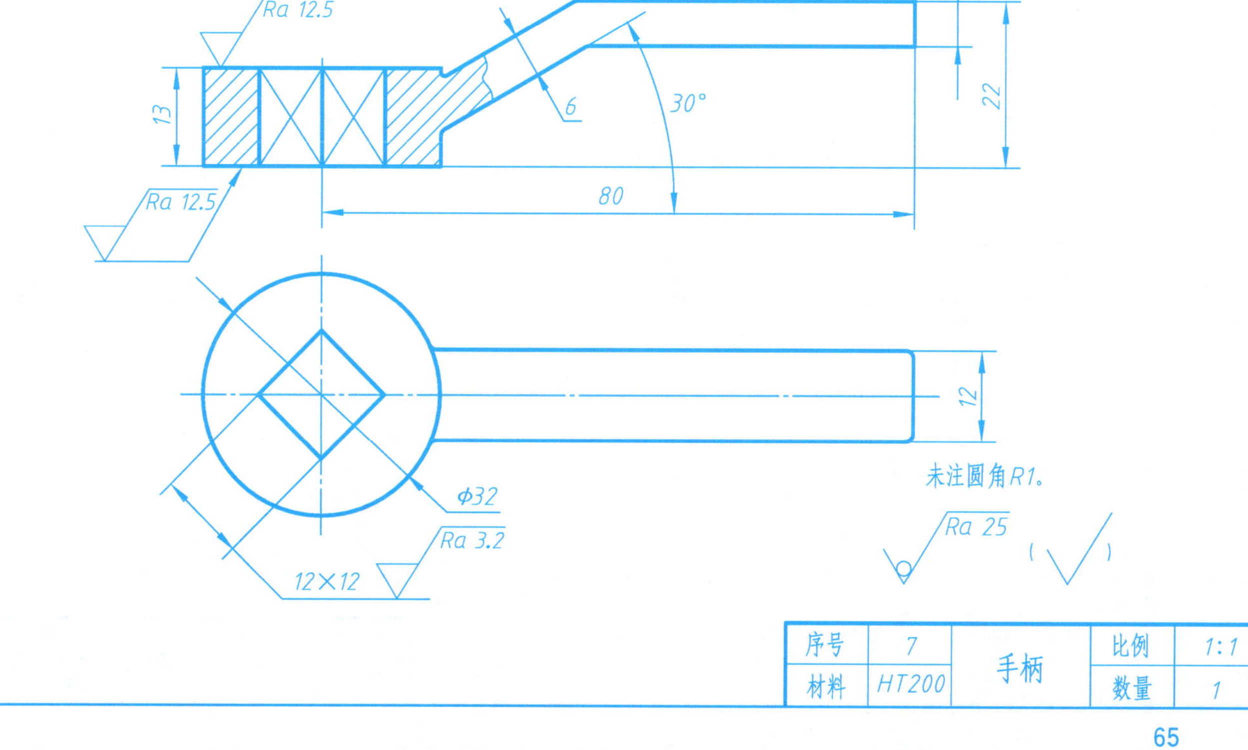

序号	7	手柄	比例	1:1
材料	HT200		数量	1

9-1-2 虎钳。

工作原理：虎钳安装在钳工工作台上，用于夹紧工件。旋转手柄 12 带动螺杆 1 旋转，从而使螺母 7 带动活动钳体 6 沿着固定钳体 5 做左右移动，从而达到夹紧或松开工件目的。

绘制要求：采用恰当的表达方法，按照 1∶1 比例，完整清晰地表达虎钳的工作原理、装配关系，并标注必要的尺寸。

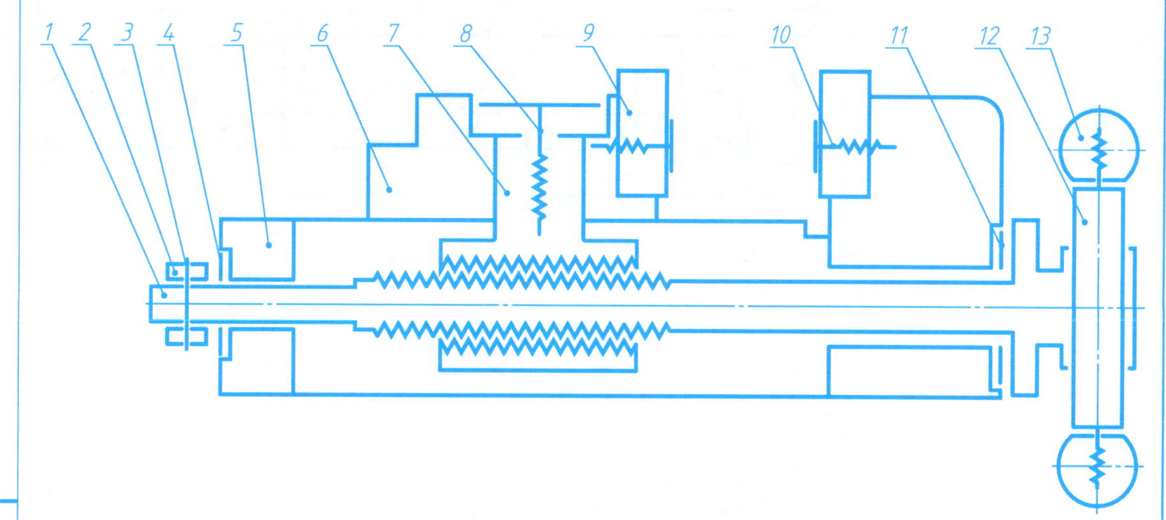

序号	名称	数量	材料	备注
1	螺杆	1	45	
2	挡圈	1	45	
3	销 6×16	1	35	GB/T 119.1—2000
4	垫圈 10	1	35	GB/T 97.1—2002
5	固定钳体	1	HT200	
6	活动钳体	1	HT200	
7	螺母	1	45	
8	螺钉	1	45	
9	钳口板	2	45	
10	螺钉 M6×20	2	45	GB/T 68—2016
11	垫圈 16	1	35	GB/T 97.1—2002
12	手柄	1	Q235	
13	球	2	Q235	

9-1 根据零件图，拼画装配图 班级 姓名 学号

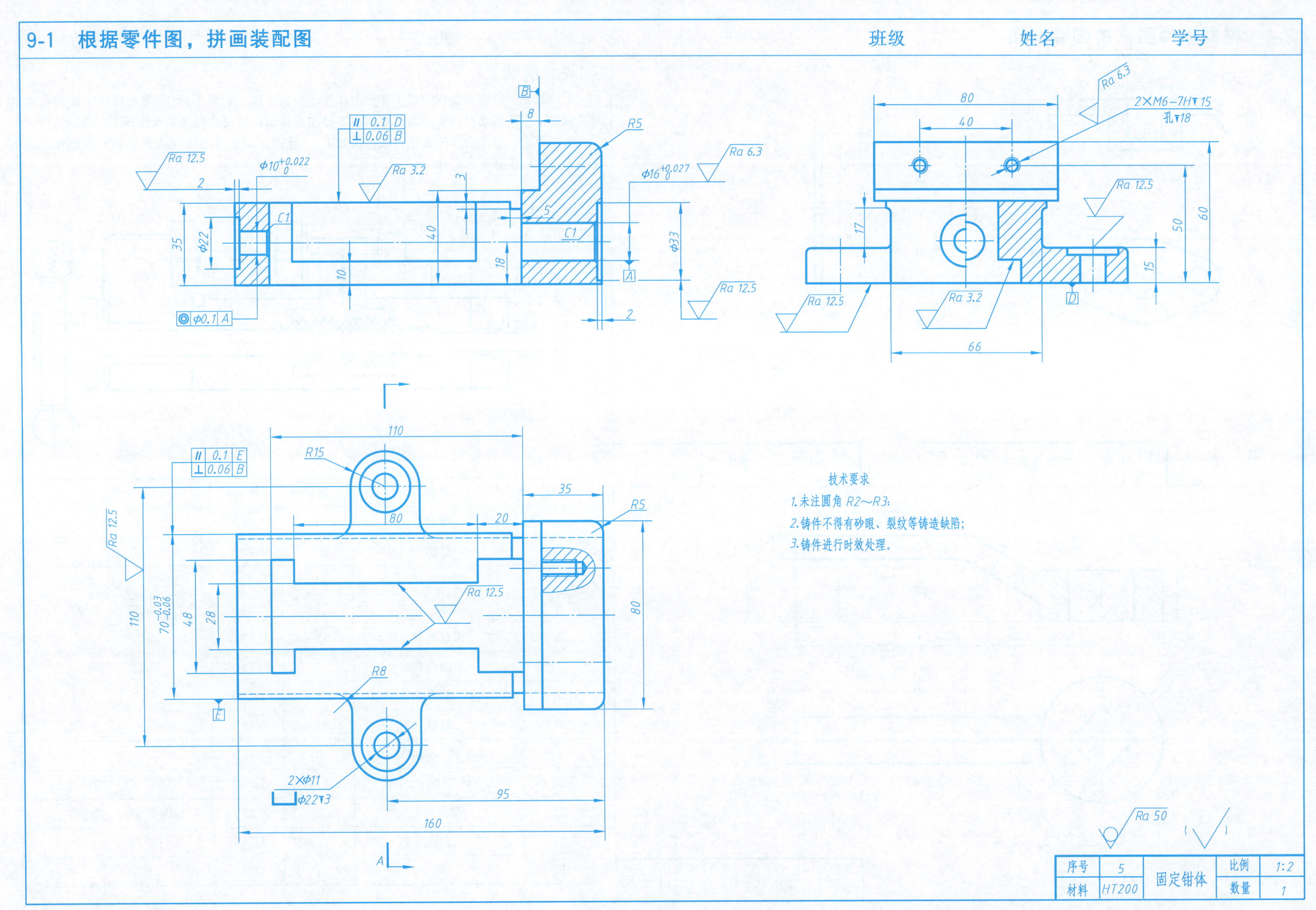

9-1 根据零件图，拼画装配图

班级　　　　姓名　　　　学号

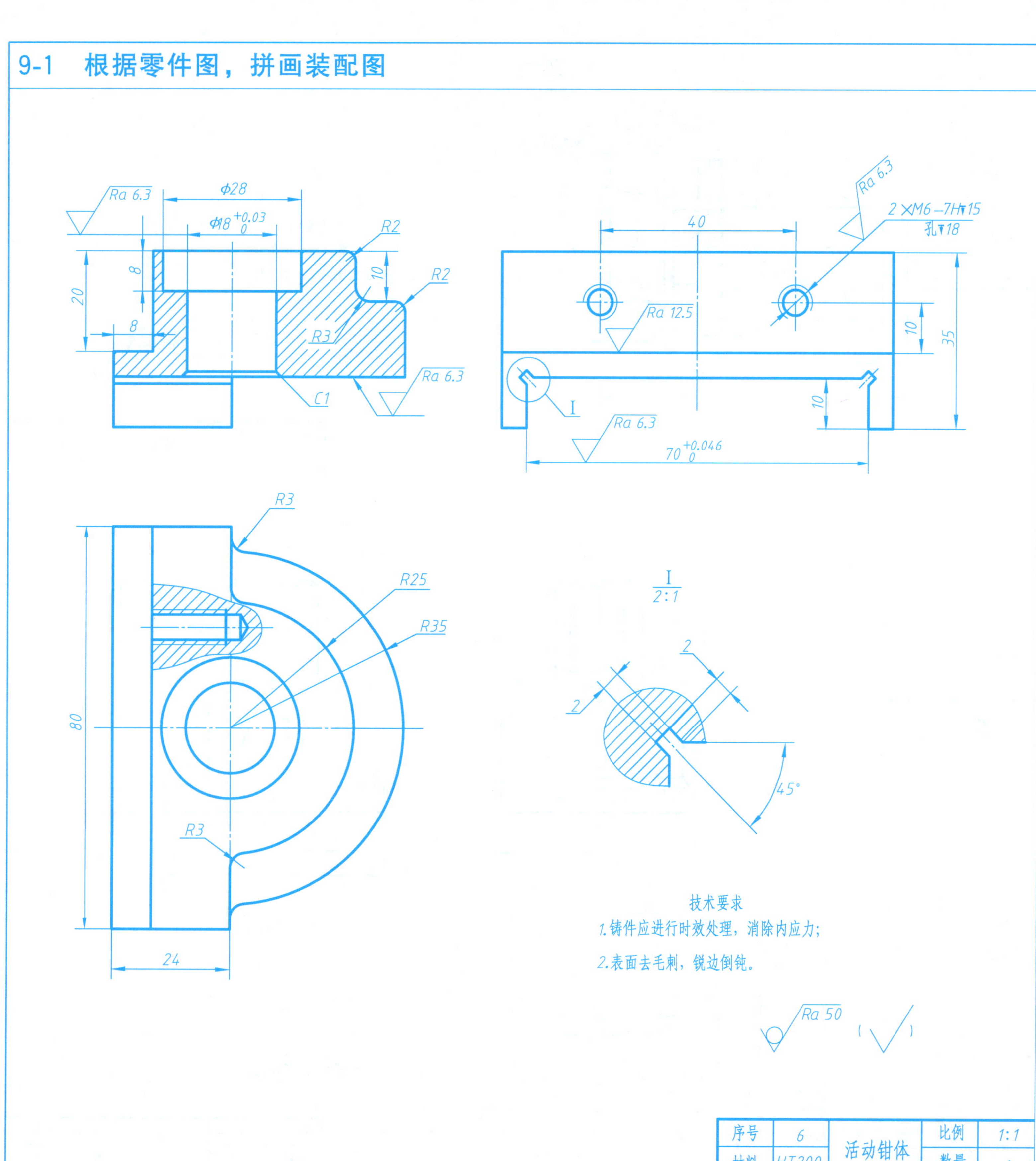

序号	6	活动钳体	比例	1:1
材料	HT200		数量	1

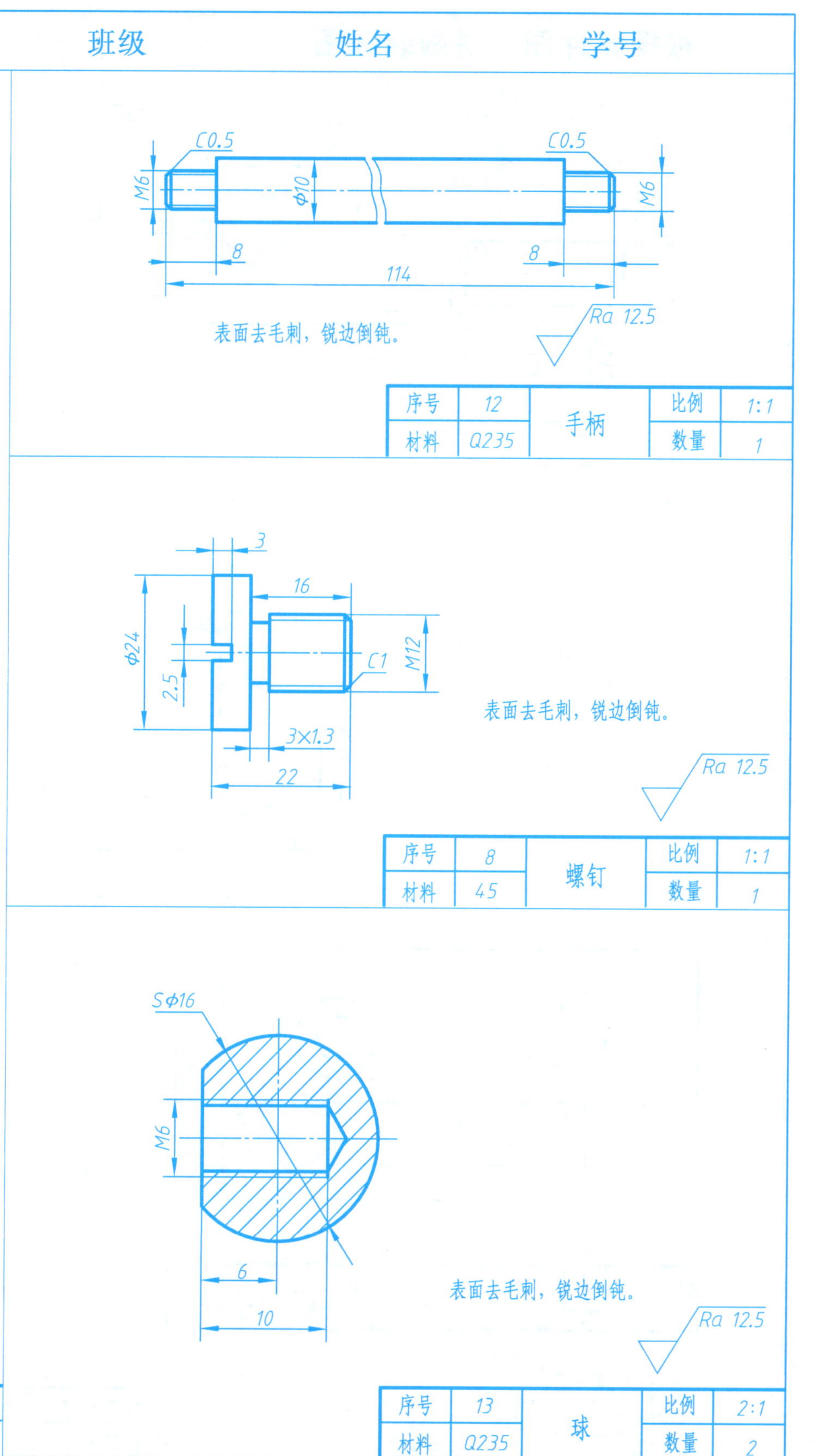

序号	12	手柄	比例	1:1
材料	Q235		数量	1

序号	8	螺钉	比例	1:1
材料	45		数量	1

序号	13	球	比例	2:1
材料	Q235		数量	2

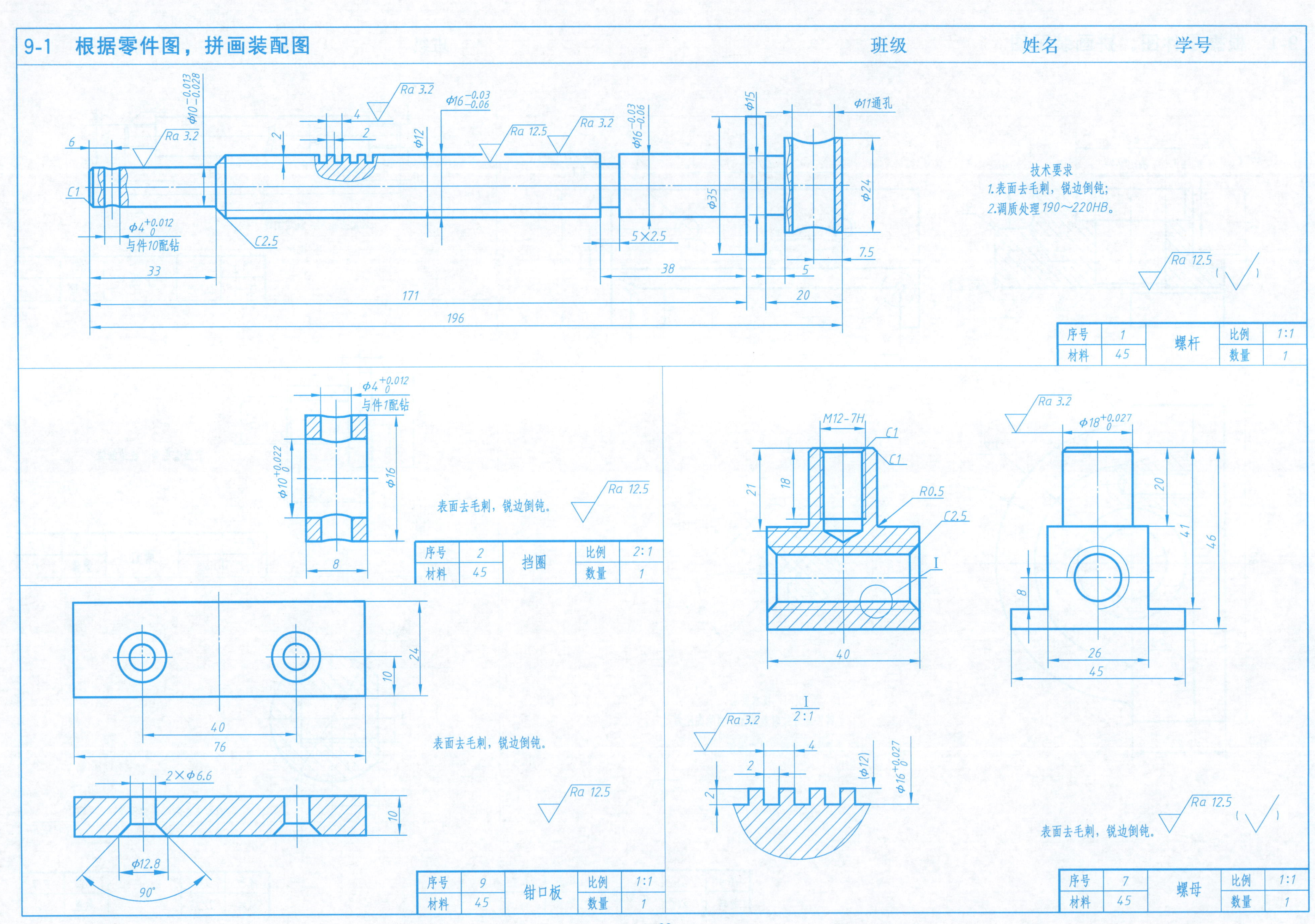
9-1 根据零件图，拼画装配图
班级
姓名
学号
技术要求
1.表面去毛刺，锐边倒钝；
2.调质处理190～220HB。
与件10配钻
序号 1 材料 45 螺杆 比例 1:1 数量 1
与件1配钻
表面去毛刺，锐边倒钝。
序号 2 材料 45 挡圈 比例 2:1 数量 1
表面去毛刺，锐边倒钝。
序号 9 材料 45 钳口板 比例 1:1 数量 1
M12-7H
表面去毛刺，锐边倒钝。
序号 7 材料 45 螺母 比例 1:1 数量 1

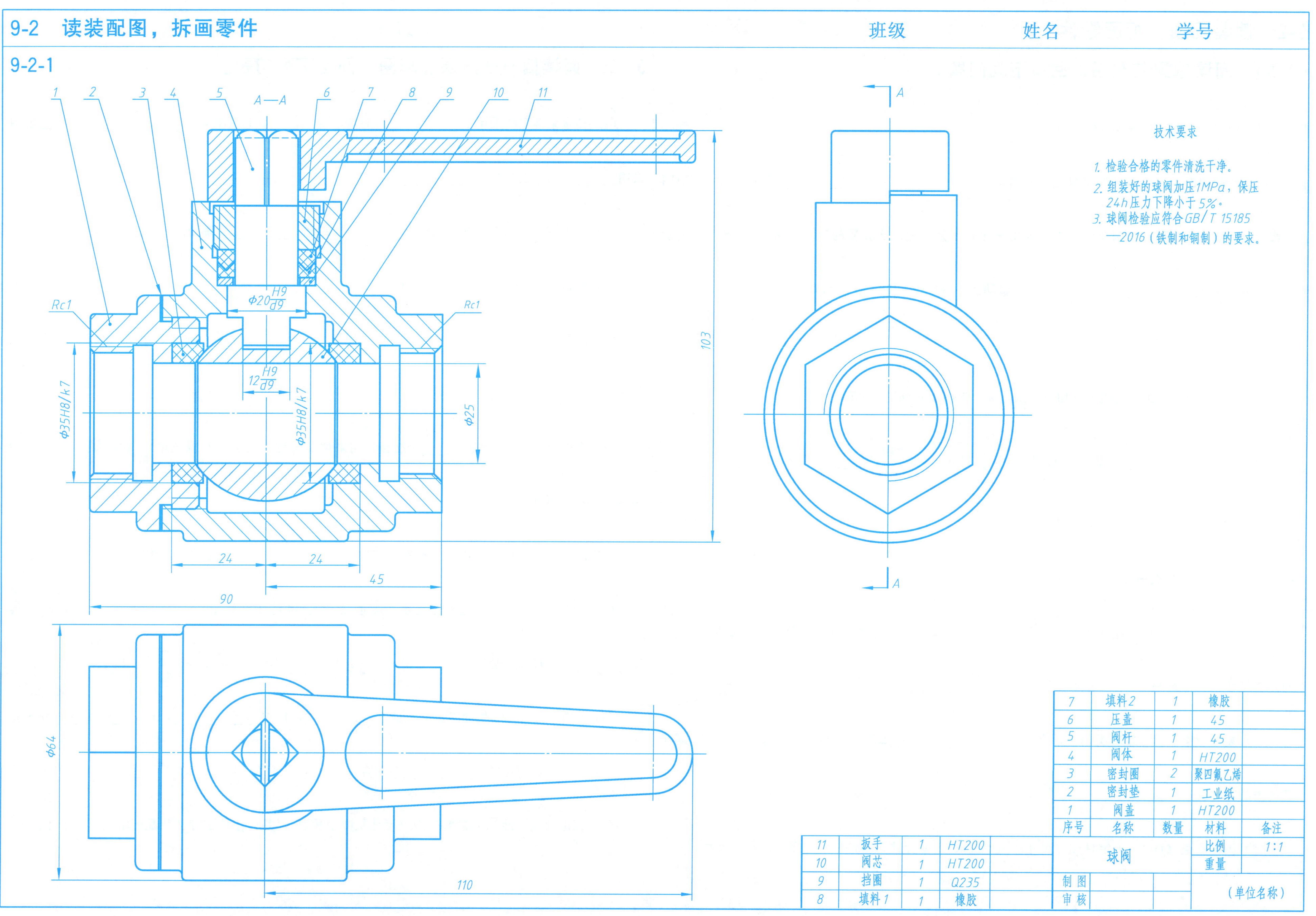

序号	名称	数量	材料	备注
11	扳手	1	HT200	
10	阀芯	1	HT200	
9	挡圈	1	Q235	
8	填料1	1	橡胶	
7	填料2	1	橡胶	
6	压盖	1	45	
5	阀杆	1	45	
4	阀体	1	HT200	
3	密封圈	2	聚四氟乙烯	
2	密封垫	1	工业纸	
1	阀盖	1	HT200	

9-2 读装配图，拆画零件

班级　　　　姓名　　　　学号

9-2-1 阅读球阀装配图，回答下列问题。

（1）球阀由________种零部件组成。

（2）装配图由________个视图组成，分别是________、________和________。其中________视图反映了球阀的工作原理。球阀在管路中主要用来切断、分配和改变介质的流向，它具有旋转 90°的动作，旋塞体为（件____）________。当顺时针转动扳手（件 11）时，扳手带动（件____）________和（件____）________旋转，关闭管路。

（3）阀杆（件 5）在主视图中剖切按不剖处理，仅画出其外形，原因是____________________。

（4）Rc1 是____________尺寸，103 是________尺寸，$\phi 20\frac{H9}{d9}$是________尺寸。

（5）ϕ35H8/k7 是________零件和________零件的________尺寸，零件________的公差带代号是 H8，________零件的公差带代号是 k7。

（6）阀体（件 4）和阀杆（件 5）的配合尺寸____，属于____配合。阀体（件 4）和阀芯（件 10）的配合尺寸____，属于________配合。

（7）装配图中，属于轴套类的零件有________、________；属于盘盖类的零件有________；属于箱体类的零件有________。

（8）画出阀盖（件 1）的零件图（尺寸从图中量取），并标注该零件在装配图中已有的尺寸。

9-2-2 阅读偏心柱塞泵装配图，回答下列问题。

（1）柱塞泵装配图采用了____________个基本视图，其中主视图采用____________视图，左视图采用____________视图及____________画法。

（2）左视图中用细双点画线画出了____________和____________摆动的一个极限位置。

（3）侧盖（件 2）与泵体（件 1）用____个____________连接。

（4）填料压盖（件 10）与泵体（件 1）采用了____个____________连接，用来压紧填料（件 9）。填料起____________作用。

（5）泵体（件 1）上设置了____个肋板，用来增加强度。在主、左视图中分别采用了________图来表达肋板的厚度。

（6）*A* 向局部视图主要用来单独表达零件____________________的外形结构。

（7）该装配图中有____处配合尺寸，尺寸 187.9、140、156 属于____________尺寸，110、60 属于____________尺寸，43、55 属于____________尺寸。

（8）解释 ϕ25H8/f8 的含义：ϕ25 是____________，H 是____________，f 是____________，8 是____________，该配合属于____________配合。

（9）画出曲轴（件 11）的零件图（尺寸从图中量取），并标注该零件在装配图中已有的尺寸。

9-2-2

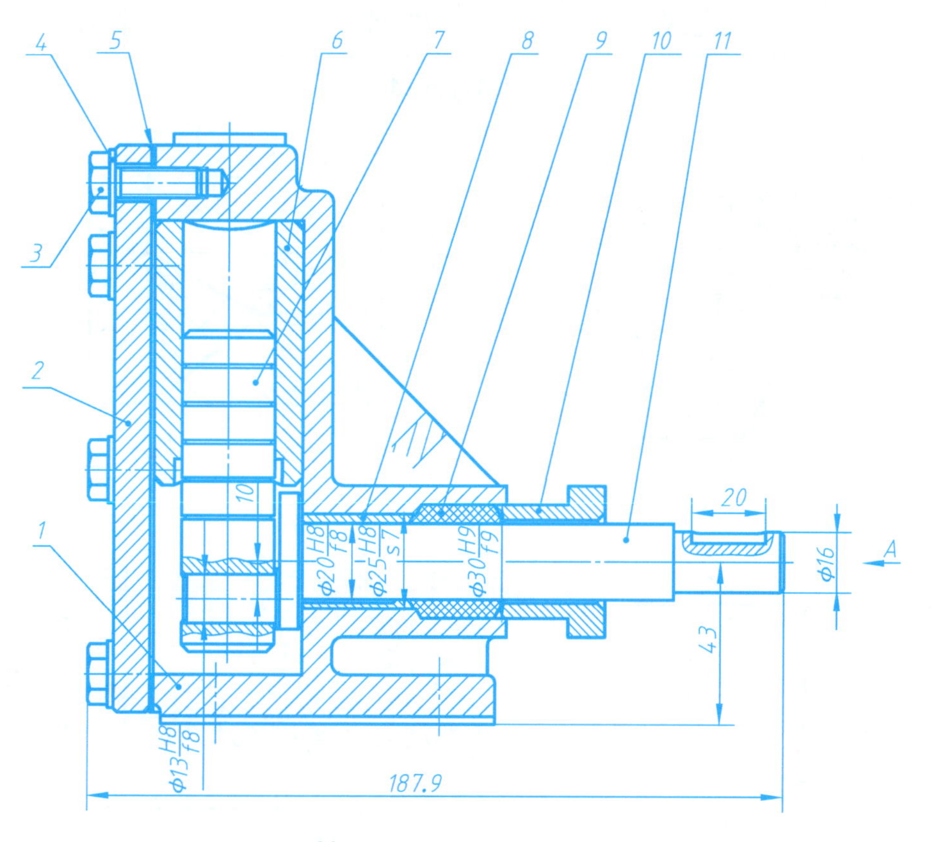

拆去件2、3、4

40
2×M18×1.5
22
23
31
156
54
φ70H8/f8
φ25H8/f8
55
43
4×φ11
⊔φ24
110
140

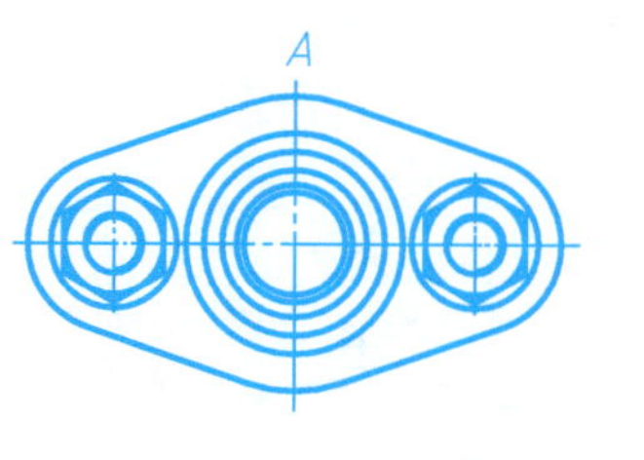

工作原理

偏心柱塞泵是靠曲轴（件11）的旋转运动，并通过曲轴上的偏心销带动柱塞（件7）作往复运动，同时又迫使圆盘（件6）作摇摆运动，从而使泵体内液体增压的装置。

泵体（件1）上方有吸油孔和排油孔。

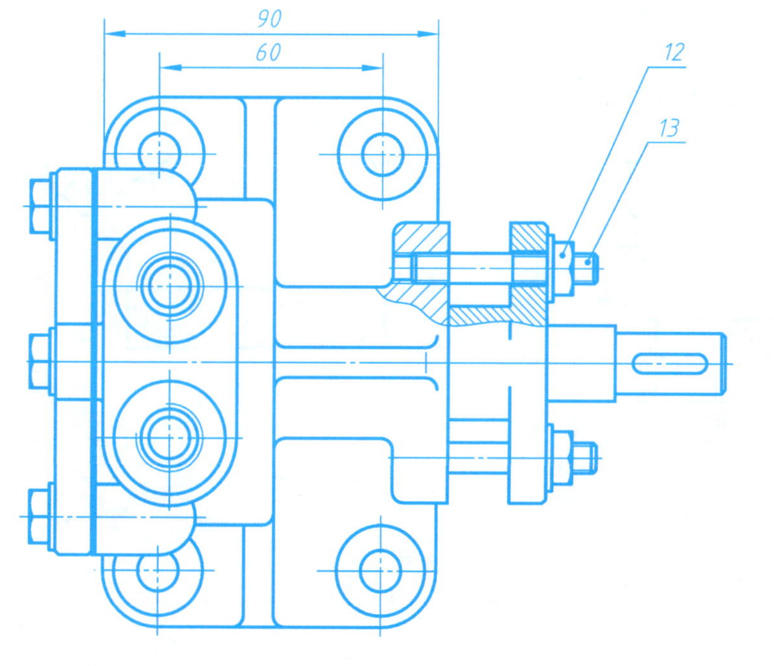

序号	名称	数量	材料	备注
13	螺柱	2	低碳钢	GB/T898
12	螺母	2	低碳钢	GB/T6170
11	曲轴	1	45	
10	填料压盖	1	HT150	
9	填料	1	毛毡	
8	衬套	1	ZQSn6-6-3	
7	柱塞	1	45	
6	圆盘	1	HT200	
5	垫片	1	工业用纸	
4	垫圈	9	低碳钢	GB/T97.1
3	螺栓	7	低碳钢	GB/T5780
2	侧盖	1	HT150	
1	泵体	1	HT150	

偏心柱塞泵	比例	1:2
	重量	
制图		（单位名称）
审核		

第 10 章 焊 接 图

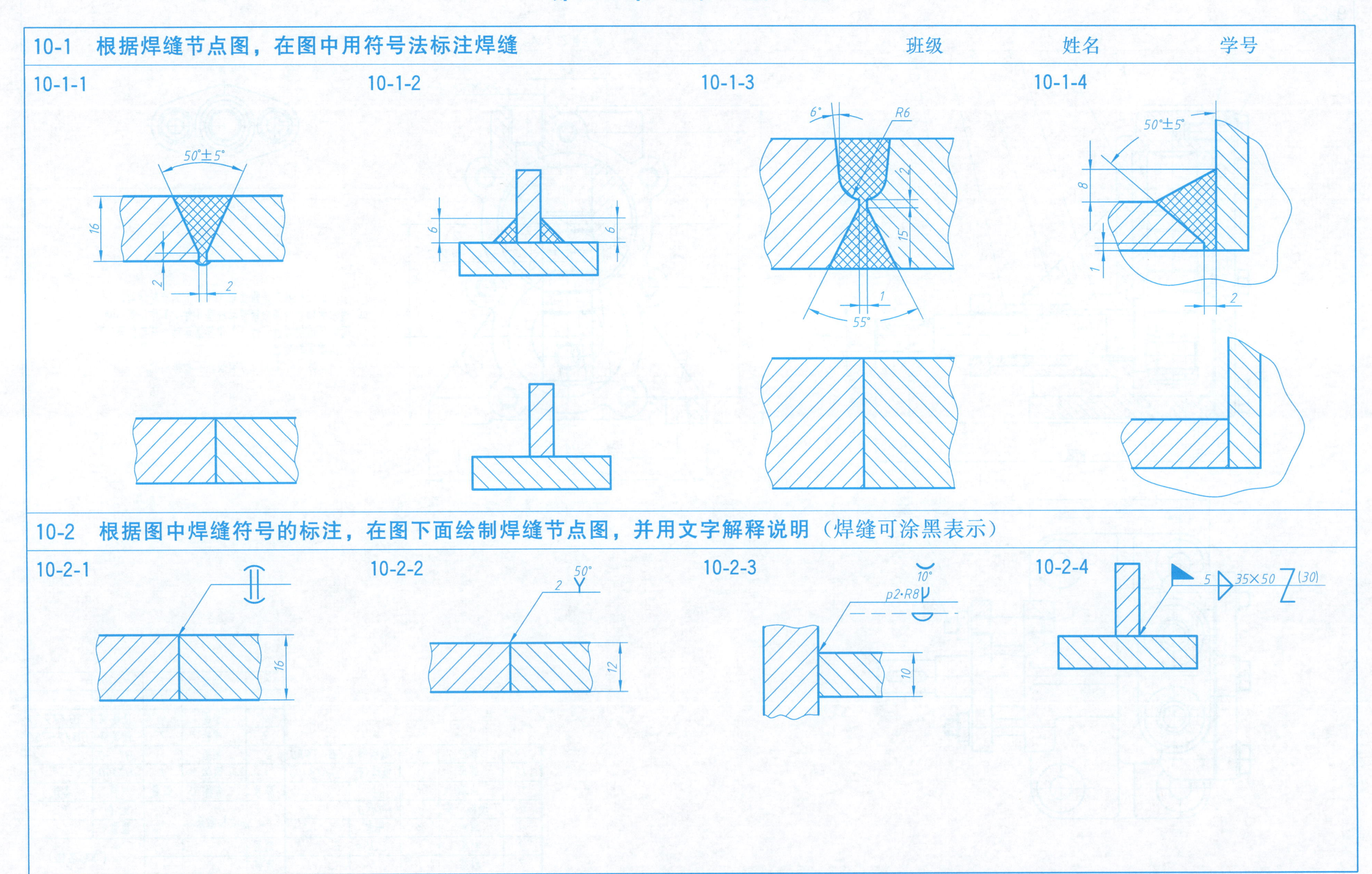
10-1 根据焊缝节点图，在图中用符号法标注焊缝
班级
姓名
学号
10-1-1
10-1-2
10-1-3
10-1-4
50°±5°
16
2
2
6
6
6°
R6
2
15
1
55°
50°±5°
8
1
2
10-2 根据图中焊缝符号的标注，在图下面绘制焊缝节点图，并用文字解释说明（焊缝可涂黑表示）
10-2-1
10-2-2
10-2-3
10-2-4
16
50°
2
12
10°
p2·R8
10
5
35×50
(30)

第11章 展 开 图

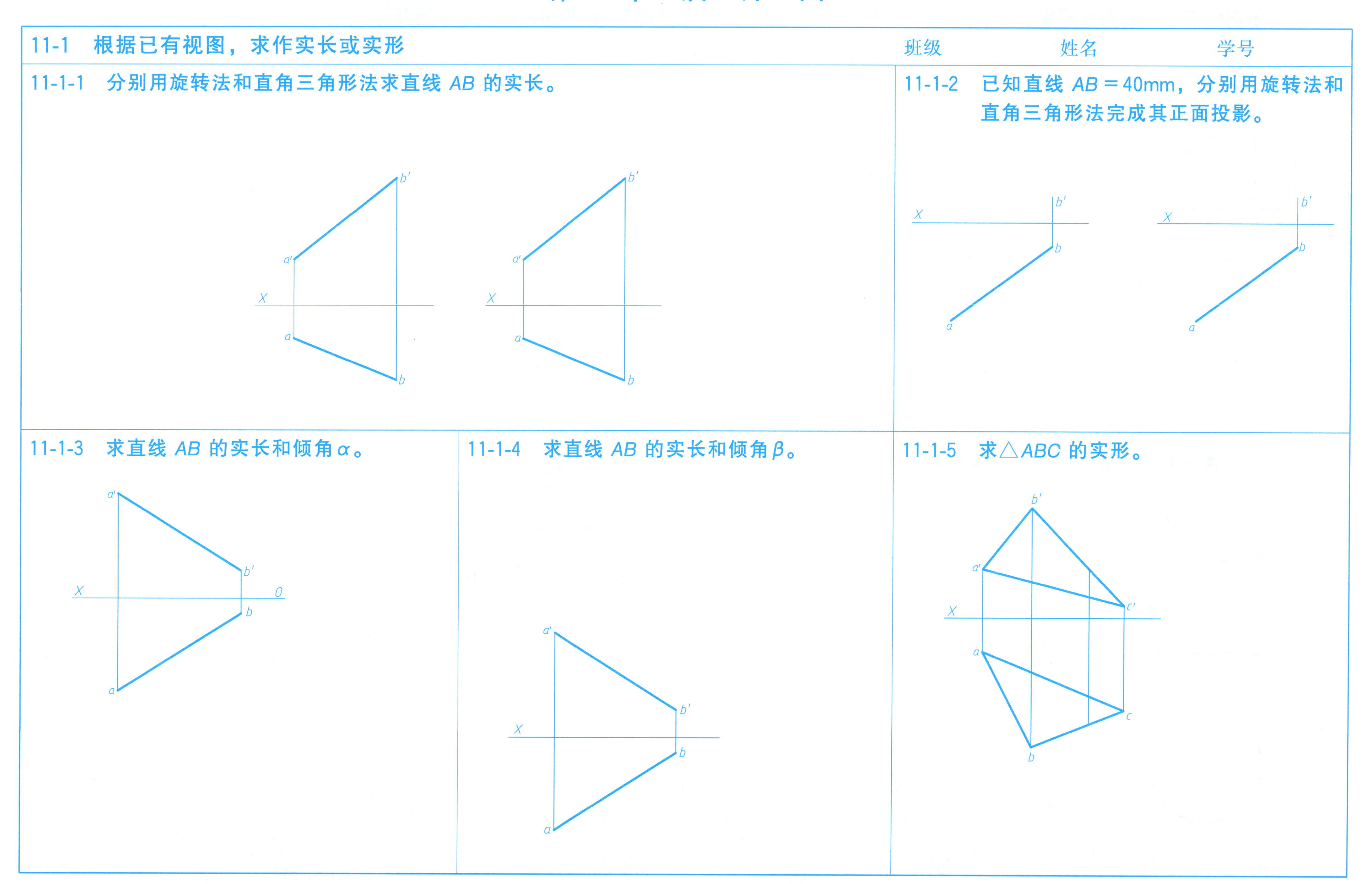
11-1 根据已有视图，求作实长或实形
班级
姓名
学号
11-1-1 分别用旋转法和直角三角形法求直线 AB 的实长。
b′
a′
X
a
b
b′
a′
X
a
b
11-1-2 已知直线 AB＝40mm，分别用旋转法和直角三角形法完成其正面投影。
X
b′
b
a
X
b′
b
a
11-1-3 求直线 AB 的实长和倾角α。
a′
b′
X
O
b
a
11-1-4 求直线 AB 的实长和倾角β。
a′
b′
X
b
a
11-1-5 求△ABC 的实形。
b′
a′
c′
X
a
c
b

11-2 根据已有视图，求作相应结构件的展开图

班级　　　　姓名　　　　学号

11-2-1 求斜切五棱柱管的展开图。

11-2-2 求被两相交平面截切的圆柱管展开图。

11-2-3 求斜切四棱锥管的展开图。

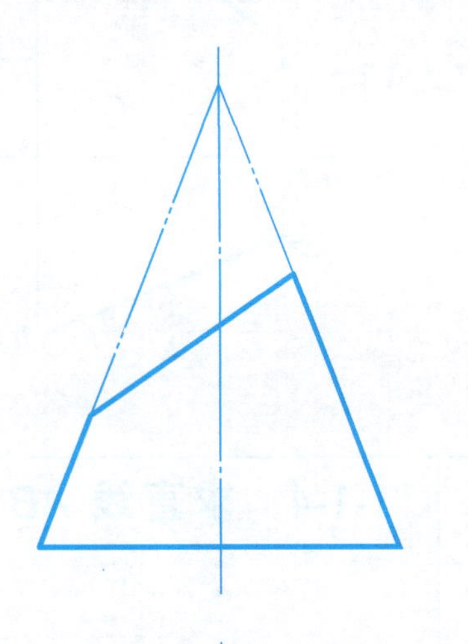

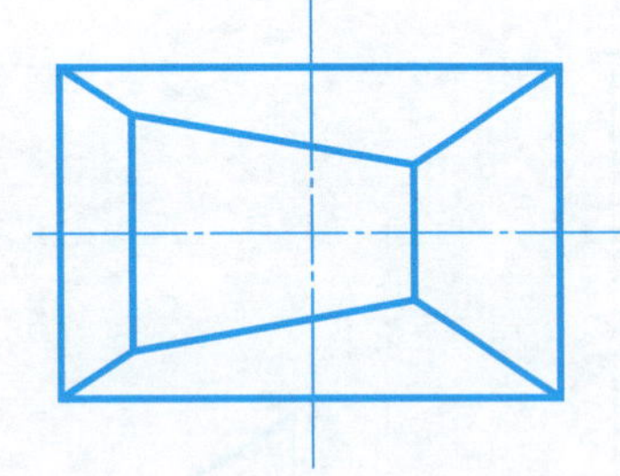

11-2 根据已有视图，求作相应结构件的展开图

班级 姓名 学号

11-2-4 求被曲面截切的正圆锥管的展开图。

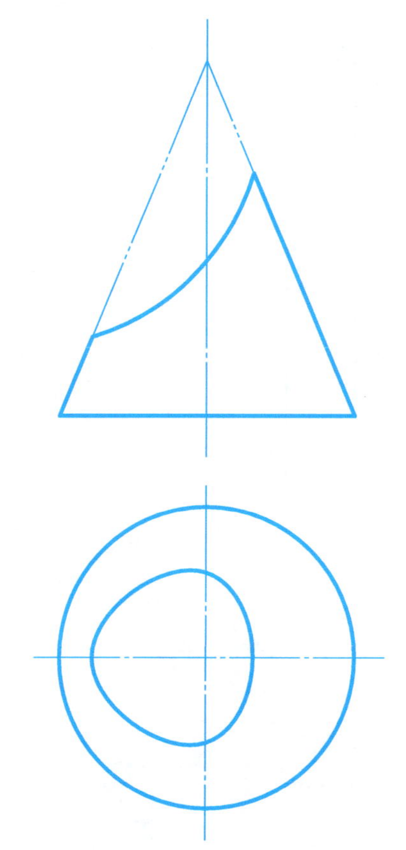

11-2-5 求上小下大方形偏心渐变管接头的展开图。

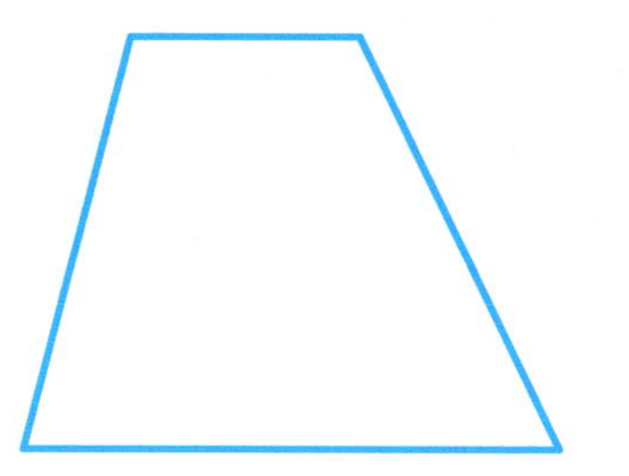

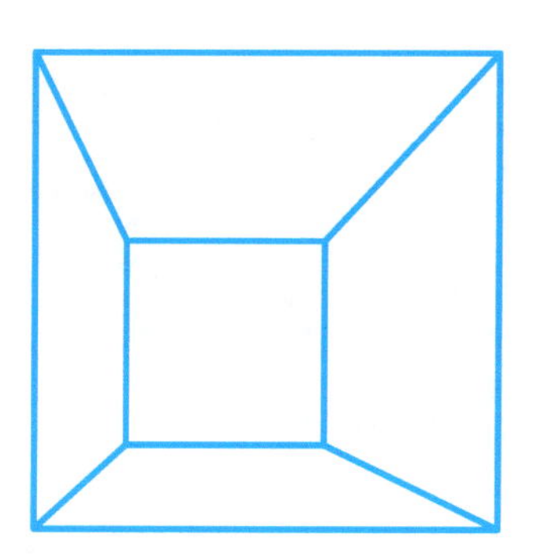

内容：按照1∶1的比例绘制展开图；制作钣金件。

目的：掌握展开图画法及钣金件制作过程。

要求：

（1）任选题目，在图纸上绘制展开图。

（2）剪下展开图粘贴成纸型。

（3）在毛料上划线，制作钣金件。（可每组完成一个）

注意事项：

（1）在图纸或毛料上按1∶1绘制视图，不标注尺寸。

（2）绘图之前合理安排图纸，避免图形超出图纸或图形重叠。

（3）作图力求准确，可全部用细线型绘制。

（4）粘贴之前请阅读“制作注意事项”。

（5）粘贴制作时，注意各接口的方位与图纸一致。

制作注意事项

将各展开图剪下，用胶水或双面胶进行粘贴，作成纸型。

（1）每一组成部分的接缝处都要留出一定的余量，以便于粘贴，如下图所示。

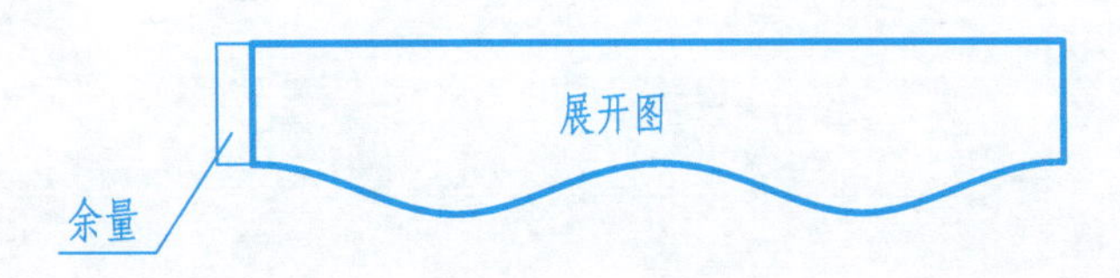

（2）各组成部分之间的接缝处，也要留出一定的余量，以便于相互粘贴，如下图所示。

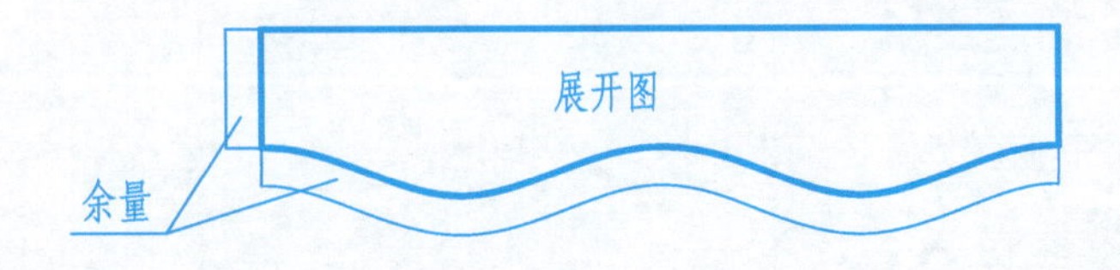

（3）粘贴时要准确定位，要对齐，不要歪斜。如发现展开图绘制的有误差不够准确，可以作必要的修正。

11-3-1　制作弯头。

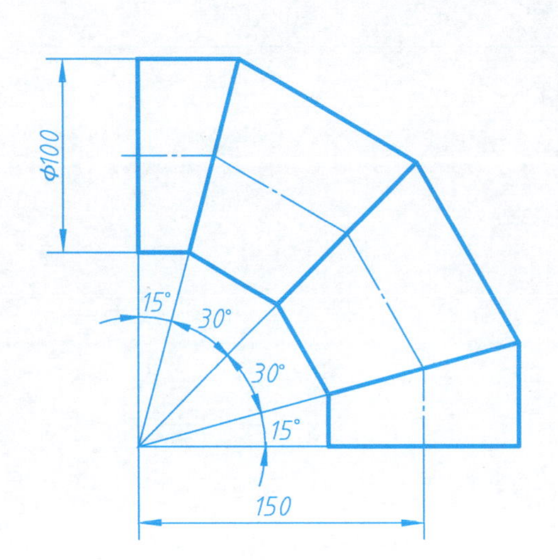

11-3-2　制作分离器。

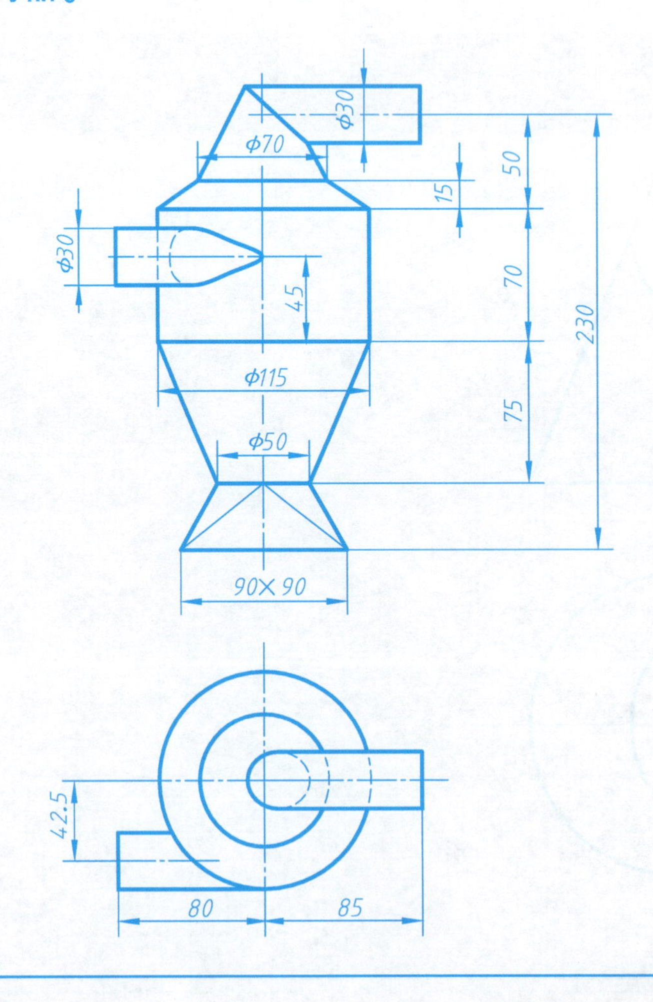

第 12 章　电气制图简介

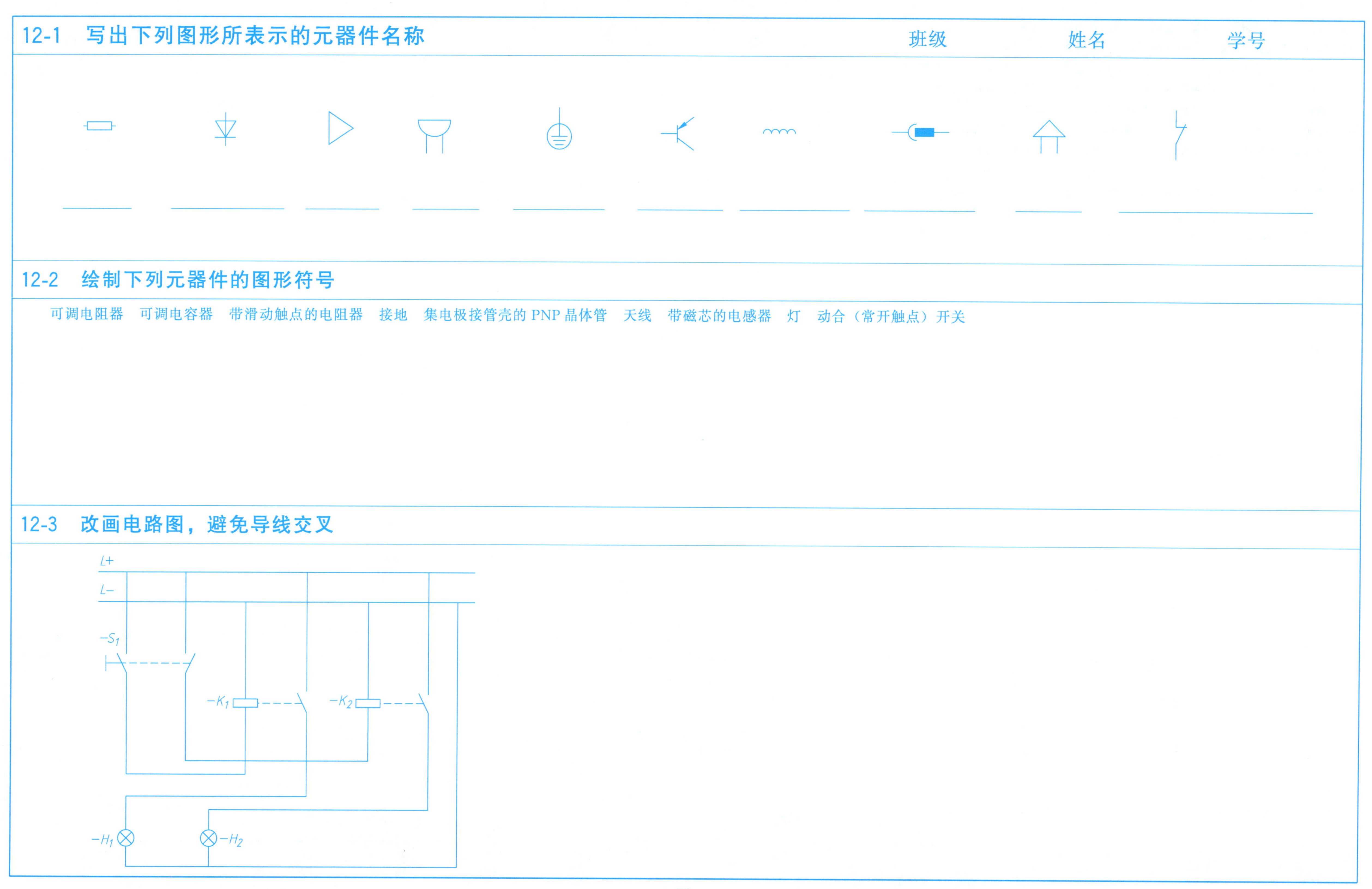

12-1　写出下列图形所表示的元器件名称

班级　　　　姓名　　　　学号

12-2　绘制下列元器件的图形符号

可调电阻器　可调电容器　带滑动触点的电阻器　接地　集电极接管壳的 PNP 晶体管　天线　带磁芯的电感器　灯　动合（常开触点）开关

12-3　改画电路图，避免导线交叉

参 考 文 献

[1] 刘立平．化工制图习题集．北京：化学工业出版社，2010.
[2] 刘力．机械制图习题集．第4版．北京：高等教育出版社，2013.
[3] 合肥工业大学工程图学系．工程图学基础习题集．北京：中国铁道出版社，2018.
[4] 王丹虹．现代工程制图习题集．第2版．北京：高等教育出版社，2016.
[5] 汤柳堤．机械制图组合体图库．北京：机械工业出版社，2012.
[6] 劳动人事部培训就业局．机械制图习题集．北京：劳动人事出版社，1987.
[7] 宋卫卫．工程图学及计算机绘图习题集．北京：机械工业出版社，2016.
[8] 张荣，蒋真真．机械制图习题集．北京：清华大学出版社，2013.
[9] 任晶莹，杨建华．工程制图习题集．沈阳：东北大学出版社，2016.
[10] 邓劲莲，沈国强．机械产品三维建模图册．北京：机械工业出版社，2017.
[11] 樊宁，何培英．典型机械零部件表达方法350例．北京：化学工业出版社，2018.